Anteil der Konstruktion und des Materials an dem wirtschaftlichen Ausbau niederer Wasserkraft-Gefälle

mit besonderer Berücksichtigung der Verhältnisse an der Ruhr

Von

Dr.-Ing. **Oskar Spetzler**

Mit 28 Abbildungen im Text

Berlin
Verlag von Julius Springer
1931

ISBN-13: 978-3-642-90422-6 e-ISBN-13: 978-3-642-92279-4
DOI: 10.1007/ 978-3-642-92279-4

Vorwort.

Bei dem Ausbau von Wasserkräften hat der Bauingenieur Möglichkeiten, durch Verbesserungen in der Konstruktion und des Materials Ersparnisse zu erzielen, die sich in einer Verbesserung der Wirtschaftlichkeit der ganzen Anlage äußern müssen.

Insbesondere scheinen mir Maßnahmen zur Veredelung des bei diesen Bauwerken in größerer Menge zur Verwendung kommenden Betonmaterials geeignet, sowohl zur Steigerung der Sicherheit der Konstruktion als zur Verbilligung der Baukosten beizutragen. Die Grundlagen hierzu müssen durch geeignete Untersuchungen im Laboratorium und an der Baustelle geschaffen werden.

Bei den vom Ruhrverband während der letzten Jahre geschaffenen Anlagen ergab sich eine Gelegenheit, solche Paralleluntersuchungen unter Mitarbeit des Unterzeichneten systematisch durchzuführen.

Die nunmehr vorliegende Arbeit des Verfassers verdankt ihre Entstehung dem Bestreben, an praktischen Beispielen unter den besonderen Verhältnissen im Ruhrgebiet zu zeigen, wie durch konstruktive Maßnahmen und durch sorgfältige Vorbereitung, Herstellung und Verarbeitung des Materials die Kosten verringert werden konnten. Die Arbeit dürfte daher dem Ingenieur in der Praxis wertvolle Anregungen für den Bau von Wasserkraftanlagen vermitteln.

Karlsruhe i. B., im Juni 1931.

E. Probst.

Inhaltsverzeichnis.

I. Allgemeines über den Ausbau von Wasserkräften.

Der Ausbau von Wasserkräften steht im Mittelpunkt des allgemeinen Interesses. Für bestimmte Zweige der chemischen Industrie z. B. wurde die Wasserkraft bahnbrechend. Der wirtschaftliche Austausch zwischen Wärme- und Wasserkraft führte zu der heutigen, großangelegten Elektrizitätswirtschaft, wie sie bei den großen Elektrizitätskonzernen ihren Ausdruck findet. Hierbei erscheint allerdings eine Übergröße dieser Gesellschaften weder technisch noch wirtschaftlich gerechtfertigt. Die Nachteile liegen einmal in den hohen Stromtransportkosten, zum anderen in den zunehmenden verwaltungstechnischen Schwierigkeiten.

Während man vor dem Kriege fast ausschließlich nach anfallender Kilowattstunde rechnete und meist planlos an den Ausbau einzelner besonders günstiger Gefällstufen heranging, bezieht man heute die Benutzungszeit in die Frage der Wirtschaftlichkeit ein und stellt die Forderung auf, die Flüsse in größeren Abschnitten als wasserwirtschaftliches Ganzes zu betrachten und auszubauen. Es gilt demnach auch für die Wasserkraftnutzung besonders in Deutschland heute der Grundsatz: Jeder Raubbau ist zu vermeiden. Die Benutzungszeit möglichst zu steigern.

Während der Inflation herrschte eine rege Bautätigkeit in neuen Wasserkräften. In Deutschland entstanden damals 15 größere Laufwerke mit einer mittleren Jahreserzeugung von zusammen 1,9 Milliarden KWh. Es wurden aber viele Werke errichtet, deren Ausbauwürdigkeit in der Goldbilanz sehr zweifelhaft erscheint. So wichtig der Ausbau von Wasserkräften an gefälle- und wasserreichen Flüssen ist und so sehr man ihn gerade in Deutschland nach den Erfahrungen des Krieges und der ersten Nachkriegszeit auch heute noch fordern muß, so ist doch die

Wirtschaftlichkeit kleiner Gefällstufen an wasserarmen Flüssen unter dem Eindruck der Geldentwertung oft überschätzt worden.

Die Bau- und Betriebskosten einer Wasserkraft, umgerechnet auf die erzeugten Kilowatt, nehmen mit zunehmender Größe der Wasserkraft ab. Bei gleicher Leistung sind die Kosten etwa umgekehrt proportional dem Gefälle. D. h.: je größer das Gefälle, desto kleiner die Kosten. Die Wirtschaftlichkeit verlangt: möglichst wenige und hohe Staustufen in einem Fluß. Bei einem bestimmten Mindestgefälle erreicht eine Wasserkraft die Grenze ihrer Wirtschaftlichkeit. An der Ruhr liegt diese Grenze für Laufwerke ohne besondere Nebenvorteile z. B. etwa bei 7 m. Hierbei ist vorausgesetzt, daß das Baukapital höchstens 8% kostet. Der Ausbau kleinerer Gefälle lohnt im allgemeinen nur dann, wenn sich die Eingliederung des Werkes in ein größeres Versorgungsgebiet ermöglichen läßt. Nur so kommt man zu der erforderlichen hohen Benutzungszeit. In einem größeren Versorgungsgebiet kommt es leichter zu einer Verbundwirtschaft zwischen den Wasser- und Dampfkraftwerken. Hier können dann die ersteren die Grundlast übernehmen, während den Wärmekraftwerken die Deckung der Spitzenlast zufällt. Während bei Dampfwerken die höchste Leistung, entsprechend den eingebauten Kilowatt, ganzjährlich zur Verfügung steht, ist dieselbe bei Wasserkraftwerken stets schwankend, nämlich je nach der Wasserführung in einem Jahr mehr in dem anderen weniger. Die beiden Höchstleistungen kann man daher nicht miteinander vergleichen, wie es oft geschieht, höchstens die mittleren Leistungen sind vergleichbar. Wasserkräfte allein auf sich gestellt, werden mindestens in Deutschland heute unwirtschaftlich und daher ausscheiden im Gegensatz z. B. zu Schweden, wo sie ihre volle Berechtigung haben. Wärmekraftwerke lassen sich besser dem Bedarf anpassen. Dagegen werden die mit der wechselnden Wasserführung oft stark schwankenden Leistungen einfacher Laufwerke und der Bedarf in meist gegensätzlicher Beziehung zueinander stehen. Hieraus ergibt sich, daß die Versorgung eines Gebietes ausschließlich mit Wasserkraftwerken zu mehr oder minder großen Verlusten durch unbenutzt abfließendes Wasser führen muß. Diese Eigentümlichkeit der Wasserkraft zeigt den großen Vorteil der Verbindung zwischen Laufwasserkräften und thermischer Energie, wobei die letzteren stets die ersteren ergänzen. Die Wasserkraftwerke sollen die Wärmekraftwerke wirtschaftlich möglichst weitgehend ergänzen. Sie werden daher immer mit diesen in einen starken Wettbewerb treten. Der Bau von Wärmekraftwerken dient der Sicherstellung des

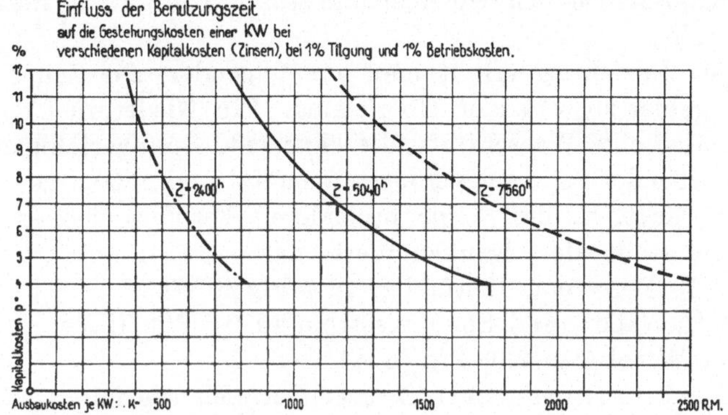

Abb. 1. Einfluß der Benutzungszeit auf die Ausbaukosten einer Wasserkraft.

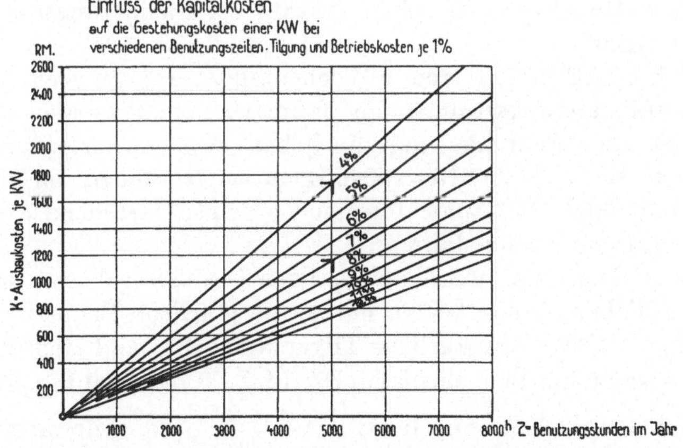

Abb. 2. Einfluß der Kapitalkosten auf die Ausbaukosten einer Wasserkraft.

Energiebedarfs; er dient aber auch der Vorbereitung des Absatzes weiterer Wasserkräfte. Deshalb darf es nicht heißen: Hier Wasserkraft, hier Wärmekraft, sondern beide gehören zusammen.

Welchen großen Einfluß der Kapitaldienst aber auf die Benutzungszeit und die Baukosten, kurz auf die Wirtschaftlichkeit von Wasserkräften hat, erkennt man aus den Abb. 1 und 2.

Die Wirtschaftlichkeit hängt, wie schon ausgeführt, in hohem Maße von der Benutzungszeit ab. Es gibt für jede Wasserkraft einen kritischen Wert, bei dem sie nicht mehr wirtschaftlich ist. Es sind für die drei Benutzungszeiten: 2400, 5040 und 7560 Stunden die Kapitalzinsen zu den Ausbaukosten je Kilowatt in Beziehung gebracht.

Die Beziehung erhält man aus folgender, zur Zeit für das Ruhrgebiet zutreffender Überlegung. Ein Niederdrucklaufwerk, d. h. also eine Wasserkraft, die ohne jede Speicherfähigkeit nur die fließende Welle eines Flusses ausnutzt und mitten im Absatzgebiet liegt, so daß keine besonderen Fernleitungskosten entstehen, stellt die folgenden Werte dar:

40% Tagstrom, 12stündig, zu 4 Pfg./KWh,
60% Nacht- und Sonntagsstrom zu 0,8 Pfg./KWh,
im Mittel also 2,08 Pfg./KWh.

Die Benutzungszeit Z errechnet sich wie folgt: 315 Tage im Jahr; es sind hierbei die Hochwassertage und die Tage mit kleinstem Niedrigwasser fortgelassen, so daß sich im zehnjährigen Mittel etwa die obige Anzahl von Benutzungstagen im Jahre ergibt.

Bei $1 \cdot 8$ Stunden und 6 Wochentagen ergeben sich $8 \cdot 300 = 2400$ Benutzungsstunden im Jahre; bei $2 \cdot 8$ Stunden durchlaufend auch Sonntags, nur die hohen Festtage ausgenommen, ergeben sich: $2 \cdot 8 \cdot 315 = 5040$ Benutzungsstunden im Jahre; und schließlich bei 3 Schichten ergeben sich entsprechend 7560 Benutzungsstunden im Jahre.

Bezeichnet man nun die einmaligen Gestehungskosten mit K, die jährlichen Kapitalkosten mit p, die jährliche Benutzungszeit mit Z, ist ferner der jährliche Tilgungssatz 1% und sind die Betriebskosten jährlich ebenfalls 1% (d. h. 0,15—0,20 Pfg./KWh), dann kostet 1 KW im Jahre $K \cdot \frac{(p+2)}{100}$. Die Kilowattstunde darf aber nicht mehr als 2,08 Pfg. kosten. Bei Z Benutzungsstunden im Jahre demnach nicht mehr als $\frac{2{,}08 \cdot Z}{100}$ RM. im Jahr, d. h. $K = \frac{2{,}08 \cdot Z \cdot 100}{100 \cdot (p+2)}$.

Die Kapitalkosten enthalten außer den Nennzinsen sämtliche sonstigen Unkosten, die mit der Kapitalbeschaffung zusammenhängen, wie z. B. Minderauszahlung, Stempelkosten usw. In den

Baukosten sind Bauzinsen, Bauleitung usw. enthalten. 1% Tilgung ist vielleicht bei Zinssätzen unter 6% wenig. Die Betriebskosten sind mit 1% bei Kleinwasserkräften ebenfalls niedrig in Ansatz gebracht, besonders, wenn sie nicht automatisch arbeiten. In etwa regulieren sich diese Betriebskosten allerdings dadurch, daß bei hohen Kapitalkosten, den niedrigen Einheitssätzen für die Betriebskosten (0,15—0,2 Pfg./KWh) größere Leistungen gegenüberstehen werden.

Man erkennt aus Abb. 1 und 2 wie sehr der Wert einer Wasserkraft von ihren Gestehungskosten und der Benutzungszeit abhängig ist. Bei einem Zinssatz von 7% und 5040 Benutzungsstunden im Jahr dürfte die erzeugte Wasserkraft-Kilowatt höchstens 1140 RM. kosten, bei 4% jedoch schon 1740 RM. Diese Kostenermittlung hat selbstverständlich nur bedingten Wert. Im allgemeinen dürfen die Gestehungskosten einer Wasserkraft höher sein als diejenigen gleichwertiger Dampfkraftwerke, da die ersteren eine sehr viel längere Lebenszeit aufweisen, selbst die Maschinen bleiben 50 und mehr Jahre leistungsfähig. Bei Wärmekraftwerken wird man dagegen mit höchstens 30 Jahren rechnen können, da in den Gesamtkosten der maschinelle Teil überwiegt, und diese Maschinen wesentlich schneller verschleißen. Für die Wasserkraft kommt es vor allem darauf an, die schwierige Anlaufzeit zu überwinden bis die Anlage einmal getilgt ist. Nach dieser Zeit wird sie es leicht mit jeder noch so billigen Dampfkraft aufnehmen können, da die Betriebskosten wesentlich wirtschaftlicher sind, als bei einer auch noch so modernen Wärmekraft. Bei dem neuen Westkraftwerk in Berlin kommt z. B. auf je 1000 KW 1 Mann Bedienung d. h. bei 200 000 KW 200 Mann in 3 Schichten. Zum Vergleich braucht das Pumpenspeicherwerk am Hengsteysee auf je 5000 KW nur 1 Mann Bedienung, d. h. also nur $^1/_5$ der persönlichen Betriebskosten eines etwa gleichwertigen Wärmekraftwerks. Bei reinen Großlaufwerken wird dieser Vergleich noch wesentlich günstiger ausfallen. Bei kleinen Laufwerken ist das Verhältnis allerdings nicht so günstig. Es kommen hier auf 1000 KW etwa 1—2 Mann Bedienung; jedoch fallen die Brennstoffkosten fort. Schließlich wachsen bei Wasserkräften die Betriebskosten nicht mit der Menge des erzeugten Stromes, so daß Großwasserkräfte immer wirtschaftlicher im Betrieb sind als niedere Gefällstufen.

Die Wirtschaftlichkeit einer Wasserkraft hängt im übrigen wesentlich von den örtlichen Verhältnissen ab, insbesondere von den Brennstoffpreisen der Wärmekraftwerke, mit denen sie in Wettbewerb zu treten hat. In Süddeutschland und in der Schweiz sind viele Wasserkräfte ausbauwürdig, weil die hydraulische Energie der thermischen infolge der herrschenden hohen Brennstoffpreise überlegen ist. Eine Wasserkraft im Ruhrkohlenbezirk hat dagegen wesentlich stärker um ihre Daseinsberechtigung zu kämpfen, da neben dem wohlfeilen Strom aus modernen Werken mit Kohlenstaubfeuerung auch der billige rheinische Braunkohlenstrom preisbestimmend ist. Dennoch kann bei einer richtigen Zusammenfassung von Wärme- und Wasserkraftanlagen auch hier eine günstige Ausnutzungsziffer erzielt werden. Veranlaßt durch die Anlagen bei Hengstey, setzten neuerdings Bestrebungen zur Zusammenfassung der Stromerzeuger im Westen und Süden unseres Vaterlandes ein, wodurch ein weiterer Fortschritt in der wirtschaftlichen Erschließung von Wasserkräften zu verzeichnen ist. Diese Zusammenfassung erstreckt sich bereits auf die Alpenländer. Der Zweck ist immer, den Strom zu Zeiten des Überflusses bzw. des Strommangels an der einen oder anderen Stelle gegenseitig auszutauschen. Hierbei wird man zu der folgenden Arbeitsteilung kommen: Spitzenlast wird erzeugt in der unmittelbaren Nähe des Verbrauchers, Grundlast dagegen kann unter Anwendung wirtschaftlichster Ausnutzung als Fernstrom auch über weitere Entfernungen hinweggeschafft werden. Diese begonnene Entwicklung wird fortschreiten und schließlich jedes Einzelunternehmen mehr oder weniger zwingen sich organisch einzugliedern. Der Erbauer von Kraftanlagen hat daher die Pflicht, durch konstruktive und wirtschaftliche Baumaßnahmen, die Erreichung dieses Zieles wirksam zu fördern. Vorbedingung ist, daß der Ausbau von Wasserkräften mit größter Sparsamkeit erfolgt, denn nur so hergestellte Anlagen bilden volkswirtschaftlich wichtige Ergänzungen unserer heutigen Elektrizitätswirtschaft. Allgemein kann gesagt werden, daß Wasserkräfte um so ausbauwürdiger sind, je geringer der Zinsfuß und ihre Ausbaukosten sind, je größer aber ihre Leistung ist und je gesicherter der gesamte von ihnen erzeugte Strom auch abgesetzt oder sonst verwertet werden kann.

An einem Beispiel soll nun gezeigt werden, wie auch in der jetzigen Zeit Wasserkräfte mit niederem Gefälle wirtschaftlich ausgebaut werden können. Mit Rücksicht darauf, daß Wasserkräfte im Ruhrkohlengebiet eine besonders schwierige Stellung einnehmen, dürfte daher ein Beispiel aus dieser Gegend vornehmlich Beachtung verdienen. Die Ruhr ist der fast ausschließliche Wasserspender des Rheinisch-Westfälischen Industriegebietes. Um sie reinzuhalten, wurde 1913 der Ruhrverband gegründet. Sein Tätigkeitsfeld umfaßt das Niederschlagsgebiet der Ruhr mit rund 1,5 Millionen Einwohner auf 4500 km^2. Bisher sind außer zahlreichen Abfangkanälen rund 60 Landkläranlagen zur Reinigung des Abwassers gebaut[1]. Die Landkläranlagen haben jedoch gewisse Unvollkommenheiten. Bei stärkeren Regenfällen kommen Schlammengen durch die Überläufe in den Fluß, da es wirtschaftlich unmöglich ist, die Kläranlagen so zu bauen, daß alles zurückgehalten wird. Es handelt sich vor allem um den Staub und Schmutz der Straße und um die Abgänge aus Kleinsiedlungen und zahlreichen kleineren Einzelbetrieben, die im ganzen Gebiet zerstreut liegen.

Es hat daher eine Nachreinigung im Fluß selbst Platz zu greifen. Hierfür eignen sich breite Stauseen, in denen das Selbstreinigungsvermögen des Flusses gestärkt wird. Dieser Gedanke ist zum ersten Male in Hengstey bei Hagen i. W. zur Durchführung gebracht[2]. Hier wird saures Eisen aus der Lenne, einem Nebenfluß der Ruhr, durch Einwirkung des von Papierfabriken alkalisch verschmutzten Ruhrwassers ausgefällt und zurückgehalten. Unterhalb Hengstey bei Wetter ist ein zweiter, der Harkortsee, im Bau, mit dem ähnliche Zwecke verfolgt werden. Flußabwärts folgen später sechs weitere derartige Seen, von denen die drei untersten die Möglichkeit bieten werden, durch Rückpumpwerke Rheinwasser ruhraufwärts zu heben, um in Fällen außerordentlicher Trockenheit, wie 1929, die Wasserversorgung des Industriegebietes gewissermaßen von rückwärts sicherzustellen. Diese Pumpwerke sollen mit Pumpenturbinen ausgerüstet werden, um sie zur Speicherung von Nachtwasser wirtschaftlich ausnutzen zu können.

---

[1] Imhoff: Der Ruhrverband, 1930.

[2] Spetzler: Stausee und Pumpenspeicher Hengstey. Wasserkraft und Wasserwirtschaft, 15. XI. 1928.

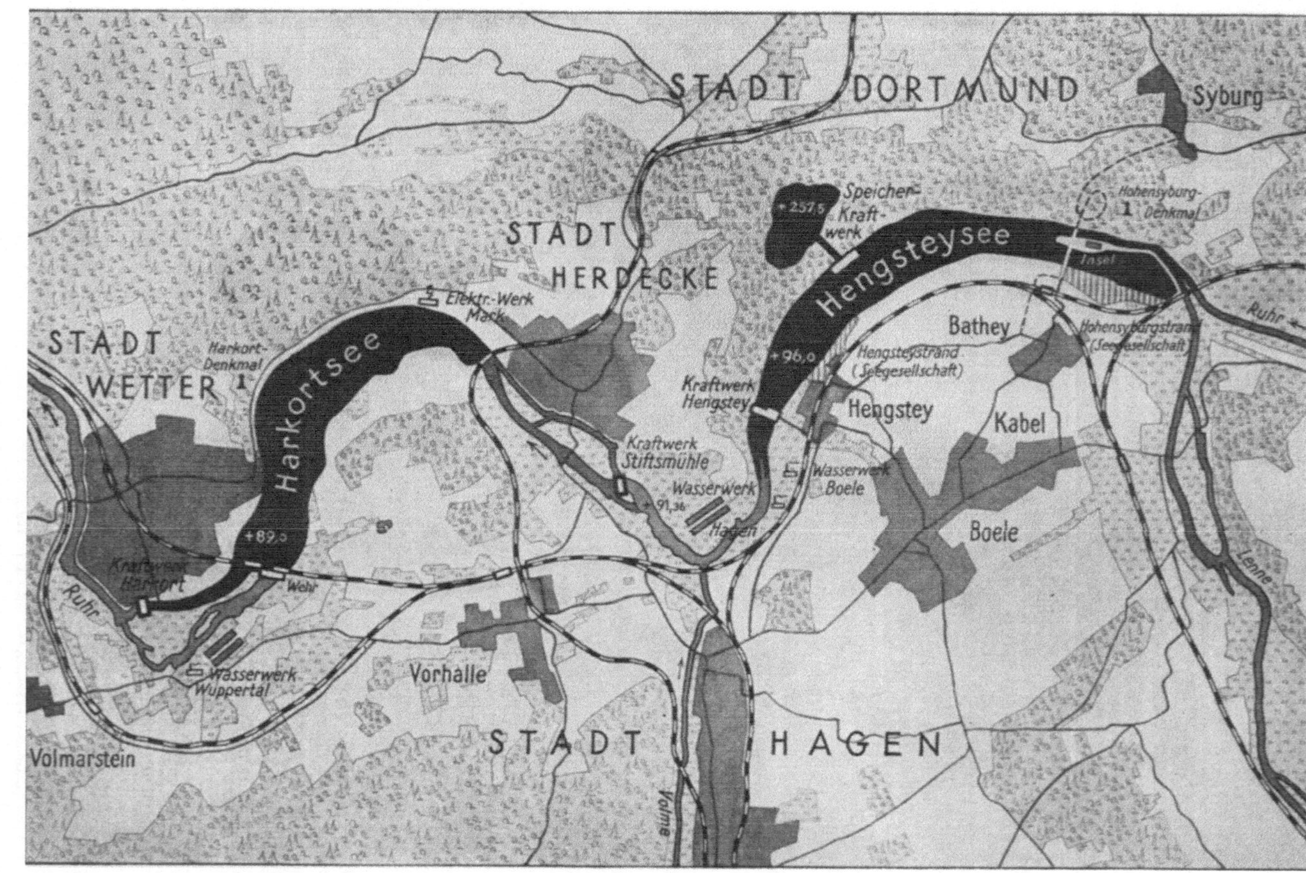

STADT DORTMUND
Syburg
Hohensyburg-Denkmal
Speicher-Kraftwerk
+257,5
Hengsteysee
Insel
Ruhr
STADT HERDECKE
Elektr.-Werk Mark
STADT WETTER
Harkort-Denkmal
Harkortsee
+89,0
Kraftwerk Harkort
Wehr
Ruhr
Wasserwerk Wuppertal
Volmarstein
Vorhalle
Kraftwerk Stiftsmühle
Wasserwerk Hagen
+91,36
Kraftwerk Hengstey
+96,0
Hengsteystrand (Seegesellschaft)
Hohensyburgstrand (Seegesellschaft)
Bathey
Hengstey
Kabel
Wasserwerk Boele
Boele
Lenne
Volme
STADT HAGEN

Es ist das Bestreben des Ruhrverbandes, die Kosten dieser Stauseen durch Ausnutzung der mitanfallenden Wasserkräfte wirtschaftlich zu gestalten. Das Rohgefälle in der Ruhr zwischen der Lennemündung und Wetter beträgt z. B. bei 10 km Flußlänge 14,5 m. Zwei alte Staustufen mit 2,5 und 3,0 m Gefälle waren vorhanden, so daß also 9 m Gefälle ungenutzt waren. Der Hengsteysee wurde in die obere, der Harkortsee in die untere Lücke eingefügt (s. Abb. 3).

Zunächst ergab sich hiernach die Unterteilung in zwei Kraftstufen von je etwa 7,5 m. Diese vom wirtschaftlichen Standpunkt aus richtigste Lösung ließ sich leider nicht verwirklichen, weil auf die Wünsche des unmittelbar unterhalb Hengstey gelegenen Wasserwerkes der Stadt Hagen Rücksicht genommen werden mußte. Es erfolgte daher die Zerschlagung der oberen Kraftstufe in zwei kleinere Laufwerke: Hengstey und Stiftsmühle mit 4,5 resp. 3,0 m Gefälle. Eine Vereinigung des Herdecker Gefälles mit dem von Wetter ließ sich nicht durchführen, da dann zwei bedeutende Industriewerke an der Ruhr unter Wasser gesetzt worden wären. Ein Ausbau dieser niederen Gefällstufen war aber nur unter Ausnutzung aller möglichen wirtschaftlichen Vorteile durchführbar.

Wollte man bei diesen niederen Gefällhöhen noch einen bescheidenen Vorteil erreichen, dann ergab sich die Notwendigkeit sowohl in der Konstruktion, wie auch im Material jeden wirtschaftlichen Vorteil auszunutzen. Nachfolgend soll gezeigt werden, welche Überlegungen und Maßnahmen zur Erreichung dieses Zieles notwendig sind.

II. Der Anteil der Konstruktion an dem wirtschaftlichen Ausbau niederer Gefälle.

1. Einfluß der Lage der Bauwerke. Bedeutung des Umleitungskanals.

Die Lage des Kraftwerks insbesondere zum eigentlichen Stauwerk ist bei Niederdruckwerken von oft erheblicher, wirtschaftlicher Bedeutung. Es ist nicht gleichgültig, ob das Krafthaus unmittelbar neben dem Wehr oder in beträchtlicher Entfernung von diesem errichtet wird.

Baut man neben dem Wehr, dann ist die Frage zu entscheiden, ob das Krafthaus im Zuge des alten Flußlaufes oder neben diesem zu erbauen ist. Die Anordnung des Krafthauses im Flußbett hat den Vorteil, daß oft nur ein geringer Erdaushub zu tätigen ist. Dafür sind aber andere Erschwernisse, z. B. die größere und schwierigere Wasserhaltung, eine größere Hochwassergefahr und eine meist erschwerte Gründung in den Kauf zu nehmen. Das ausgeführte Bauwerk steht mehr in dem Hochwasserprofil und ist daher stärker gefährdet. Rückt man das Krafthaus vom Wehr fort, so hat man meist den Vorteil leichteren Bauvorganges und geringerer Hochwassergefahr. Bei Werken mit nur geringem Nutzgefälle ist es wirtschaftlich fast immer vorteilhaft, das Kraftwerk vom Stauwehr stromab zu verlegen. Die wirtschaftliche Länge des so entstehenden Obergrabens ist von Fall zu Fall zu ermitteln. Auch an der Wehrkonstruktion kann bei Verwendung eines Obergrabens nicht selten erheblich gespart werden.

Besondere Aufmerksamkeit verdient die Querschnittsausbildung des Obergrabens. Vielerorts hat man zur Verminderung der Reibung eine teure Betonböschung hergestellt. Große Querschnitte sind günstig, sie sind meist, abgesehen vom Grunderwerb, nicht viel teurer, als schmalere Profile. Am Harkortsee in Wetter erforderte die ungestörte Hochwasserabführung z. B. ein breites Obergrabenprofil. Dieses wirkt sich für die Kraftausnutzung sehr wirtschaftlich aus. Die Verkiesungsgefahr ist dabei nicht größer als in einem schmalen Querschnitt. Das Hauptgewicht ist auf die Wahl und Ausbildung der Einmündung des Werkkanals zu legen; eventuell sind besondere Kiesschwellen oder Kiesschleusen, wie z. B. an der mittleren Isar, anzuordnen. Am Harkortsee in Wetter liegt die Einmündungsstelle fernab vom eigentlichen Flußschlauch, was günstig ist. Die Lage des Kraftwerkes oder des Obergrabeneinlaufs ist demnach wesentlich durch die Geschiebeführung des Flusses bedingt. Am besten legt man sie in die konkave Seite des Flusses. In Hengstey hat sich die Lage des Kraftwerkes außerhalb des alten Flußschlauches insofern bewährt, als das bei hoher Wasserführung anschwimmende Treibgut nicht vor den Rechen kommt, vielmehr durch das dann leicht geöffnete Wehr abgeleitet werden kann. Hierdurch werden Betriebskosten gespart. Weniger günstig ist in der Beziehung die Lage des Krafthauses in Herdecke, am unteren Ende eines geraden Streichwehres. Das Krafthaus hätte in dieser Hinsicht am oberen Ende des Streichwehres günstiger gelegen. Dieses wurde überlegt, mit Rücksicht auf das bessere Gefälle aber nicht durchgeführt.

Der lange Seitenkanal ist bei größerer Wasserführung, die das Ziehen der Wehre notwendig macht, und bei dem damit zusammenhängenden hohen Wehrunterwasser günstig. Hier wird für längere Zeit stets genügend Gefälle vorhanden sein. Da die Herstellung des Untergrabens wegen des meist erheblicheren Bodenaushubes teurer ist als die gleiche Länge des Obergrabens, wird man das Krafthaus möglichst dicht an das Ende der auszunutzenden Gefällestrecke des Flusses erbauen.

Ganz allgemein geht das Nutzgefälle mit steigendem Wasser um so mehr zurück, je kleiner das Rohgefälle ist. Bei Anlagen mit Umleitungen hängt dieser Gefällverlust wesentlich von der Länge der Umleitung ab. Er wird um so größer sein, je kleiner das Umleitungsgefälle ist. Abgesehen von der meist möglichen Gefällvergrößerung, z. B. durch das Umgehen von Stromschnellen oder durch das Zusammenlegen zweier Gefällstufen, liegt der wirtschaftliche Vorteil in der längeren Benutzungszeit. Solche Niederdruckwerke können oft so ausgebildet werden, daß sie nur bei sehr großem Hochwasser ausfallen. Ein Beispiel hierfür ist das Laufwerk am Harkortsee. Besonders günstig wäre in diesem Sinne auch die bereits erwähnte Zusammenlegung von Hengstey und Herdecke gewesen. In diesem Falle würden die geringen Mehrkosten des Obergrabens, der am natürlichen Hang geplant ist, zumal Bodenmassen genügend zur Verfügung stehen, durch die billigeren Maschinenkosten allein fast aufgehoben. Die Ersparnis hätte in diesem Falle 17% der Gesamtkosten ausgemacht.

Wo man im Winter mit starker Eisbildung zu tun hat, empfiehlt es sich, auf dem Werkgraben eine feste Eisdecke sich bilden zu lassen, um so das Eintreiben von Flußeis und Eispressungen vor dem Rechen zu verhüten. Alsdann ist das Obergrabenprofil tiefer zu wählen, um stets den Wasserzufluß zum Kraftwerk zu gewährleisten.

Ist mit den Laufwerken ein natürlicher Speicherbetrieb geplant, so sind die Wasserkanäle reichlicher zu bemessen, denn nur solche Kanäle gestatten einen zeitweilig verstärkten Wasserabfluß ohne weiteren Gefällverlust.

Sehr wichtig ist es dann noch, ob die Werkkanäle auch der Schiffahrt dienen sollen. Sehr oft stehen sich dann zwei gegeneinander laufende Interessen gegenüber, die man wirtschaftlich zum Ausgleich zu bringen hat:

1. Ist es die Frage der Wassergeschwindigkeit, die mit Rücksicht auf die Schiffahrt nicht mehr als 1 m/sec betragen darf, während man für einen reinen Werkkanal schon auf 2 m/sec heraufgegangen ist.

2. Ist es die Frage des wirtschaftlichen Profiles und der sicheren Ausbildung der Böschungen mit Rücksicht auf den vermehrten Wellenschlag. Eine Selbstdichtung der Dämme ist bei Schiffahrtsbetrieb meist undurchführbar, da durch das Schraubenwasser dieser Vorgang gestört wird. Man muß dann meist zur künstlichen Dichtung greifen.

Die Wirtschaftlichkeit verlangt zuweilen enge Profile. Dann erhält man aber große Geschwindigkeiten. Bei Geschwindigkeiten über 1 m wird eine Betonauskleidung oft schon wirtschaftlich sein. Durch die Betonauskleidung verringert man infolge Verkleinerung der Rauhigkeit in den Kanälen den Gefällverlust[1], so daß ein höherer Prozentsatz des Bruttogefälles der Flußstrecke für die Wasserkraft wirksam gemacht werden kann. So können betonierte Kanäle wirtschaftlicher sein, als reine steingeschützte Erdkanäle. Auch die Frage der Dichtung wird am besten durch die Betonauskleidung gelöst und zwar nicht nur auf Dämmen sondern auch in Einschnitten, wenn man durchlässige Schichten zu durchfahren hat. Die wirtschaftlichste Bauweise wird auch hier die sein, die sparsam mit dem teuersten Rohstoff, dem Zement, verfährt und dennoch einen dichten, den Witterungseinflüssen standhaltenden Beton ergibt. Hier liegen bereits wertvolle Erfahrungen von der mittleren Isar und den Innwehren vor[2]. Die wirtschaftliche Herstellung der Betonauskleidung unserer Kanäle ist im übrigen ähnlich zu lösen wie die Herstellung dauerhafter, allen Ansprüchen gewachsener Betonstraßen.

---

[1] Hallinger: Höchstausnutzung des Gefälles mit kleinstem Aufwand bei Erschließung unserer Niederdruckwasserkräfte. Z. V. d. I. **1917,** 187.

[2] Kurzmann: Die Betonauskleidung der Werkkanäle. Wasserkraftjahrbuch **1924,** 309.

Auch die Lage und Bauart des eigentlichen Stauwehres spielt für die Wirtschaftlichkeit der Anlage eine erhebliche Rolle.

Bei besonders niederen Gefällstufen oder da, wo das Hauptgefälle durch einen mehr oder minder langen Obergraben gewonnen werden soll, wird ein massives Wehr, vielleicht mit beweglichem Aufsatz, das wirtschaftlichste sein. Hierbei ist auch meist die Hochwasserabführung am einfachsten gelöst. Ein Beispiel für viele alte Streichwehre ist die Ruhr.

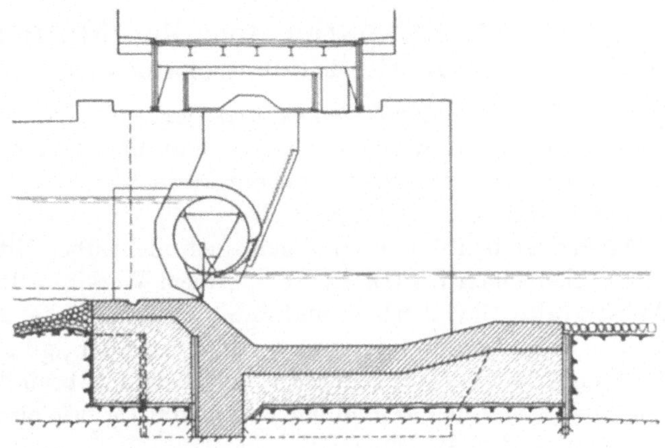

Abb. 4. Querschnitt des Wehres am Harkortsee.

Müssen jedoch größere Gefälle am Wehr überwunden werden, dann wird man, schon um das Hochwasser unschädlich abzuführen, stets zu einer beweglichen Wehrkonstruktion gelangen. Oft ist es wirtschaftlicher, das Wehr mit einer ebenfalls über den Fluß geplanten Brücke zusammenzubauen. Als Beispiel hierfür sei der Zusammenbau der Straßenbrücke und des Walzenwehres am Harkortsee erwähnt. Der Querschnitt ergibt sich aus der Abb. 4.

Die Wehrverschlüsse finden bei Hochwasser bequem unter der Fahrbahn der Brücke Platz. Die Windwerke sind hier ebenfalls untergebracht, so daß besondere Schutzhäuser erspart werden konnten. Vor allem erspart man den doppelten Pfeilerbau für Brücke und Wehr, was in Wetter z. B. 20% der Brückenkosten ausmacht.

Auch die Verschlußart beeinflußt natürlich die Kosten eines Wehres. Oft werden einfache Schütze genügen. Im Hochwasser und bei großen Weiten sind die Walzenverschlüsse besonders erprobt und sicher. Auch im Eis haben sie sich bewährt [1]. Eisklappen können vorteilhaft sein, wenn ein Festfrieren sicher vermieden wird. Hierzu ist es erforderlich, daß sie unbedingt dicht sind. Neuere Konstruktionen der Vereinigten Stahlwerke (Dortmunder Union) für den Neckar sollen eine einwandfreie Dichtung erhalten.

2. Einfluß der Konstruktion der Maschinen auf die Wirtschaftlichkeit der Gesamtanlage.

Außer der Lage des Kraftwerkes und der wirtschaftlichen Wehrkonstruktion spielt weiter die Größe und Bauart der Maschinen, insbesondere der Turbinen für den wirtschaftlichen Ausbau niederer Gefälle eine wichtige Rolle.

Vor dem Kriege baute man im allgemeinen nicht über Mittelwasser aus. Aber schon Ludin stellte in seinem Werk von 1913: „Die Wasserkräfte, ihr Ausbau und ihre wirtschaftliche Ausnutzung“ den Grundsatz auf: Eine Überschreitung der „günstigsten“ Ausbaugröße nach Wassermenge und Leistung beeinflußt die Herstellungskosten bei weitem nicht so ungünstig, wie eine zu kleine Bemessung des Ausbaues.

Für einen möglichst großen Ausbau sprechen folgende Gründe:

1. Die Mehrkosten sind im Verhältnis zu den Gesamtanlagekosten meist nur wenige Prozent.

2. Nach erfolgter Abschreibung sind die Mehrkosten nur noch verschwindend. Der Kraftgewinn wird aber dann sehr vorteilhaft empfunden.

3. Spätere Erweiterungen erfordern in der Mehrzahl aller Fälle verhältnismäßig hohe Kosten.

4. Es erfolgt eine vollkommenere Ausnutzung auch der nichtständigen Kräfte. Daher ein besserer Ausgleich zwischen trockenen und nassen Jahren. Derartige Anlagen sind, wenn man sie auf längere Sicht betrachtet, wirtschaftlicher. Auf lange Sicht muß man aber die ewigen unverzehrbaren Kräfte des fließenden Wassers beurteilen.

---

[1] Ratz: Eisverhältnisse an der Mainstufe Viereth bei Bamberg. Wasserkraft und Wasserwirtschaft **1930**, H. 3.

5. Eine längere Lebensdauer der weniger stark beanspruchten Maschinen, namentlich bei höherer Unterteilung. Ein zu schnelles Altern der heutigen Turbinen ist kaum zu befürchten.

6. Ein Vorhandensein von Reserve, so daß beim Ausfall einzelner Aggregate kein oder ein nur sehr geringer Gewinnverlust auftritt.

7. Die Ausnutzung von Speichermöglichkeiten und günstigen Tagesschwankungen in der Wasserführung eines Flusses.

Mit Rücksicht auf einen Verbundbetrieb mehrerer untereinander liegender Gefällstufen wird man stets die Ausbaugrößen groß zu wählen haben. Ein Vorteil, der bei älteren Werken meist übersehen worden ist.

Die obere Grenze der Ausbaugröße liegt, besonders bei niederen Gefällstufen, in der zunehmenden Gefällminderung durch das Ansteigen des Unterwassers. Sehr bald ist hier die wirtschaftliche Grenze infolge starker Abnahme des Wirkungsgrades der Anlage erreicht.

Im übrigen wird die wirtschaftliche Ausbaugröße je nach den örtlichen Verhältnissen ganz verschieden zu beurteilen sein. Wir wählten sie an der Ruhr groß, einmal weil es sich um speicherfähige, im Verbundbetrieb miteinanderarbeitende Werke handelt, dann aber auch weil die Mehrkosten für den größeren Ausbau im Verhältnis zu den sonstigen Gestehungskosten der Stauwerke nur sehr gering sind. In Hengstey kostete die dritte Maschine (Ausbau 50% über Mittelwasser) nur 6,5% mehr. Der Gewinn an elektrischer Arbeit beträgt demgegenüber aber fast 25%, hierbei ist die Speicherfähigkeit noch nicht berücksichtigt. Die Mehrkosten für die dritte Maschine in Wetter betragen sogar nur 4% der Gesamtkosten dieser Anlage. Ich schätze, daß die Mehrkosten eines übersteigerten Ausbaues nach unseren Erfahrungen an der Ruhr, bei Neuanlagen je nach Lage der Dinge zwischen 5 und 10% liegen werden. Eine derartig geringe Erhöhung der Baukosten ist aber durchaus zu rechtfertigen.

Bei einer Projektierung von Niederdruckanlagen spielt die Wahl der Maschinen eine ausschlaggebende Rolle. Zunächst wird man sich die Frage vorzulegen haben, ob die liegende oder senkrechte Bauweise zu wählen ist.

Die Vorteile der wagerechten Anordnung sind: das leichte Überwachen sämtlicher Lager, ein meist einfacher Betonbau, besonders wenn Blechsaugrohre verwendet werden. Schließlich sind die wagerechten Stromerzeuger etwa 10% billiger als die vertikalen. Demgegenüber stehen folgende Nachteile: Das Kraftwerk erfordert eine große Grundfläche, der Maschinenflur liegt bei Niederdruckwerken oft unter der Hochwasserordinate, so daß besondere teure Dichtungen erforderlich werden.

Dagegen ist die senkrechte Anordnung besonders für kleine Gefällstufen mit stärkeren Schwankungen in der Wasserführung das Gegebene. Die vertikale Turbine ist meist hydraulisch vorteilhafter. Bei verhältnismäßig kurzen Wasserwegen erreicht man hohe spezifische Drehzahlen und damit auch gute Wirkungsgrade. Man braucht nur eine verhältnismäßig kleine Grundfläche und liegt mit dem Maschinenflur stets hochwasserfrei. Der Nachteil der vertikalen Bauweise ist höchstens der des hohen Maschinenhauses. Dieses fällt aber fort, wenn man, wie an der Ruhr in Herdecke und Wetter, den Kran über das Dach legt (s. auch S. 29).

Mit der Frage, ob vertikale oder horizontale Turbinen zu bevorzugen sind, hat sich besonders die Weltkraftteilkonferenz in Basel 1926 beschäftigt. So heißt es in dem Bericht von Prof. Wyssling, Zürich, „Die elektrischen Einrichtungen hydro-elektrischer Werke schweizerischer Herkunft“:

„Besonders für Niederdruckwerke gewinnt die vertikalachsige Bauart der Generatoren trotz höheren Preises mehr und mehr an Boden. Die Gründe hierfür sind kurz folgende:

1. Die vertikale einräderige Niederdruckturbine hat einmal wegen des Verlaufes ihrer Leistung und ihres Wirkungsgrades bei welchselndem Gefälle für die gute Ausnutzung der Niederdruckwasserkräfte oft erhebliche Vorteile. Ganz besonders aber gegenüber den bei Niederdruck verwendeten horizontalachsigen Turbinen, die mehrere Laufräder erforderten, haben sie den Vorzug wesentlich größerer Einfachheit an Bestandteilen für Reparaturen und für die Bedienung.

2. In baulicher Hinsicht bedürfen vertikale Aggregate im allgemeinen wesentlich geringerer Grundflächen und ergeben dadurch trotz Steigerung der notwendigen Höhe meistens billigere Maschinenhäuser.

3. Übereinanderordnung der elektrischen und der hydraulischen Teile ergibt die Möglichkeit der vollständigen Trennung beider und damit einer für die Bedienung praktischen Anordnung, welche Sauberkeit, Trockenheit und große Übersichtlichkeit des Generatorensaales bringt und gleichzeitig beste Zugänglichkeit der Turbinen gestattet.

4. Die starre und direkte Kupplung zwischen Turbine und Generator ermöglicht heute bei dieser Anordnung geringe Bauhöhen der Aggregate, so daß zwei Führungslager für das ganze Aggregat genügen.

5. Die Schaffung und neuerliche Ausbildung selbstschmierender Segmentdrucklager mit sich selbsttätig einstellenden Tragsegmenten, hat die früher nötige komplizierte Preßölschmierung mit Ölpumpen usw. entbehrlich gemacht."

Wallem, Berlin, berichtet in „Elektrische Maschinen und Zubehör" wie folgt:

„Die Frage, ob die stehende oder liegende Welle angewandt werden soll, findet verschiedene Beantwortung bei den Elektrikern und Hydraulikern. Die Elektrotechniker bevorzugen die horizontale Welle, da sie leichtere Gewichte, Montage und Zugänglichkeit ergibt und wollen die vertikale Bauart nur da gewählt sehen, wo die Rücksicht auf den Turbinenwirkungsgrad es unbedingt erfordert. Gerade dieser Punkt ist für den Turbinenbauer aber sehr entscheidend, weil bei den stehenden Wellen kürzere Wasserwege der Turbinen und somit höhere Nutzeffekte herauskommen. Das Laufrad kann ferner hierbei für größere Schnelligkeit und größere Leistungen gebaut werden. Auch die Gebäude- und Fundierungskosten werden bei vertikaler Welle der Turbinen und Generatoren, wegen der kleineren bebauten Flächen, geringer. Die Schwierigkeiten, die früher der Betrieb des Traglagers bei vertikalen Wellen und hohen Lasten bereitet hat, bestehen heute nicht mehr."

In der den Berichten folgenden Aussprache sagte Trüb, Schweiz:

„Die Bauart der Maschinengruppe ist heute entschieden. Wir werden uns zur vertikalachsigen Anordnung bekennen können und zwar auch die Elektriker. Diese erhalten eine reinliche Scheidung zwischen Wasserseite und elektrischer Seite. Ein Nachteil macht sich speziell bei der Montage und Demontage geltend, aber dieser kann nicht ausschlaggebend sein, da diese beiden Zustände nur ausnahmsweise vorhanden sind. Normalfall ist der Betrieb. Im Betrieb erhalten wir beste Wirkungsgrade durch schlanke Wasserzuführung zu den Turbinen, im Bau Minderkosten für Fundamente, die lange nicht aufgehoben werden durch den Mehraufwand für höhere Umfassungsmauern. Bei einem schmalen Maschinenhaus werden die Kräne entsprechend verkürzt und daher auch billiger."

In der Schweiz wird nach dem Bericht von Prof. Meyer, Prof. Dubs und Mitarbeiter, erstattet bei der zweiten Weltkraftkonferenz in Berlin, bis zu 20 m Gefälle ganz allgemein die stehende Bauart gewählt. Ähnlich äußert sich auch Dantscher[1].

Die nächste Überlegung ist die Bauart der zu verwendenden Turbine. Heute bleibt eigentlich nur die Wahl zwischen einer Francis- oder einer Propellerturbine[2]. Bei der letzteren taucht die

[1] Dantscher: Die Kachletstufe bei Passau. Z. V. d. I. **1928**, Nr. 33.

[2] Ungerer: Der Stand des europäischen Turbinenbaues 1927. Wasserkraftjahrbuch **1927/28**.

weitere Frage auf, ob Kaplanräder mit drehbaren Schaufeln verwendet werden sollen[1]. Von der Bauart der Turbinen hängt wesentlich der Wirkungsgrad der Anlage ab. Er ist abhängig:

1. vom Gefälle, d. h. bei kleiner werdendem Gefälle nimmt er ab,

2. von der Beaufschlagung der Turbine, d. h. bei sinkender Beaufschlagung nimmt er ebenfalls ab. Diese Abnahme ist besonders stark bei der Francisturbine von $^1/_4$ Vollast an abwärts. Bei wechselnder Drehzahl kann man sich diesen Schwankungen aber nicht anpassen, weil die Turbine mit nahezu unveränderlicher Drehzahl arbeiten muß, damit Spannung und Periode des Stromes stets gleich bleiben.

Überlegt man nun nach diesen Voraussetzungen, welche Vor- und Nachteile die beiden in Frage kommenden Turbinenarten aufweisen, dann kommt man allgemein zu folgendem Ergebnis:

Wollte man mit Francisturbinen sich den schwankenden Wassermengen wirtschaftlich anpassen, so ist man gehalten, lauter verschieden große Einheiten zu wählen. In Zeiten schwacher Belastung legt man die Last dann vorwiegend auf die kleinen Einheiten. Bei hoher Belastung dagegen auf die große Einheit. Diese verschieden großen Maschinen sind in der Anschaffung teuer, da für jede Maschine ein besonderes Modell gefertigt werden muß. Ganz allgemein ist die Wasserkraftmaschine deshalb besonders teuer, weil jede Maschine neu konstruiert werden muß und alte Modelle in den seltensten Fällen wieder benutzt werden können. Es ist daher nach Möglichkeit anzustreben, alle benötigten Maschinen ein und derselben Wasserkraft über einen und denselben Leisten herzustellen. Hierfür eignen sich aber besonders die Propeller- und Kaplanturbinen. Auch im Betriebe bringen verschieden große Einheiten Schwierigkeiten mit sich. Der richtigen Verteilung der Belastung ist dann eigentlich ständig erhöhte Aufmerksamkeit zu schenken. Ferner ist die Ersatzteilfrage erschwert. Früher hat man oft Gruppen von Niederwasserturbinen mit größerem Gefälle zusammengebaut mit Gruppen von Hochwasserturbinen, die für kleineres Gefälle und große Wassermengen konstruiert waren, um so in beiden Fällen möglichst gute Wirkungsgrade zu erhalten. Heute verwendet man wohl im allgemeinen bes-

[1] Englesson: Kaplanturbinen oder Propellerturbinen. Wasserkraftjahrbuch **1924**.

ser die Kaplanturbine, die wegen ihrer größeren Schnelläufigkeit auch kleinere Stromerzeuger und Krafthäuser benötigt. Die Francisturbine ist eine Überdruckturbine, die an sich für alle Gefälle und Wasserverhältnisse paßt. Sie ist auch heute noch am Platze, wo bei mittlerem und großem Gefälle die Kaplan- und Propellerturbinen wegen der Kavitationsgefahr ausscheiden. Die Kavitation[1] ist eine Hohlraumbildung, welche zu starken Zerstörungen führen kann. Sie entsteht infolge des Druckunterschiedes der oberhalb und unterhalb der Schaufeln herrscht.

Das Bestreben große Schnelläufigkeit zu erzielen führte Prof. Kaplan in Brünn 1912 zur Konstruktion der Propeller- und Kaplanturbinen. Bewegliche Leitschaufeln wie bei der Francisturbine und demnach radialer Wassereintritt, dann aber achsiale Beaufschlagung der Laufschaufeln sind ihre Merkmale. Auch unterhalb des Laufrades finden noch Geschwindigkeits- und Druckausgleichungen statt. Schließlich sind die einzelnen Flügel des Laufrades drehbar. Nur diese Konstruktionen werden heute mit Kaplanturbinen bezeichnet. Während solche mit festen Flügeln, die auch nicht unter das Kaplanpatent fallen, mit Propellerturbinen bezeichnet werden. Die Kaplanturbinen erreichen Wirkungsgrade über 90%. Die bisher größten sind die für Ryburg-Schwörstadt am Oberrhein, die für 300 m³/sec gebaut sind[2]. Die Laufräder haben in diesem Falle einen Durchmesser von 6,8 m. Auch die einfachen Propellerturbinen mit fester Laufschaufel sind in letzter Zeit wesentlich vervollkommnet worden. Hier ist eine größere Schaufelzahl üblich, weil dadurch eine Verbesserung der Wasserführung erzielt werden kann. Auch sind die Schaufeln breiter, so daß sie sich etwas überdecken. Auch diese Räder erreichen Wirkungsgrade von 90%; jedoch fällt der Wirkungsgrad steil ab, sobald sie geringer beaufschlagt werden. Hierzu rechnet man auch die Schrägpropeller von Lawaczek, die einen Übergang bilden vom Francis- zum Propellerrad. Auch bei ihnen fehlt bereits der Außenkranz und ist die Zahl der Schaufeln geringer als bei der Francisturbine. Sie wurde in der schwedischen Anlage von Lilla Edet eingebaut.

---

[1] Thoma: Die Kavitation bei Wasserturbinen. Wasserkraftjahrbuch 1924.

[2] Haas: Das Großkraftwerk Ryburg-Schwörstadt am Rhein. Z. V. d. I. 1928, H. 3.

Man verwendet Kaplanturbinen also am besten immer da, wo es auf Schnelläufigkeit und gute Regulierbarkeit ankommt. Läuft die Turbine meist mit gleichbleibender Belastung, dann genügt auch die einfache Propellerturbine, die der Francisturbine durch ihre Einfachheit überlegen ist. Die Grenze ihrer Anwendung liegt immer in der Größe der Saughöhe, um noch mit Sicherheit eine Kavitationsgefahr zu vermeiden.

Die Wasserführung der Ruhr z. B. ist starken Schwankungen unterworfen. Das N. N. W. verhält sich zum H. H. W. wie 1 : 200, während dieses Verhältnis z. B. beim Shannon in Irland nur 1 : 10 beträgt. Der verhältnismäßig kleine Talsperrenraum bleibt ohne merklichen Einfluß, während beim Shannon die großen natürlichen Seen den Ausgleich bewirken[1]. Diesen durch die Natur gegebenen ungünstigen Betriebsverhältnissen der Ruhrwasserkräfte ist nun gerade die Kaplanturbine vornehmlich gewachsen. Bei einfachen Propeller- oder Francisturbinen nimmt infolge der Schwankungen der Wirkungsgrad erheblich ab und zwar um so rascher, je größer die Schnelläufigkeit ist, was besonders bei großen Ausbaugrößen von Bedeutung ist. Mit einer wirtschaftlich vorteilhaften Schnelläufigkeit verbindet indessen das bewegliche Kaplanrad auch noch bei Teilbeaufschlagungen hohe Wirkungsgrade.

Um kleine und damit billige Maschinen und Hochbauten zu erhalten, sind möglichst schnellaufende Generatoren zu erstreben. Dieses führte bei der Stiftsmühle in Herdecke zu der Wahl von Getriebeturbinen. Meist läßt sich aber das Zwischenschalten eines Getriebes bei Propellerturbinen noch vermeiden, während es bei einer Francisturbine schon dringend erforderlich wird. So kam man in dem Laufwerk Hengstey noch mit 3 direkt gekuppelten Propellerturbinen aus, von denen 2 mit Kaplanrädern versehen sind. Die einfache Propellerturbine hat hierbei die Grundlast, die beiden Kaplanturbinen die Schwankungen in der Wasserführung zu übernehmen. Die Stiftsmühle in Herdecke, die in gewissen Grenzen Ausgleichwerk für die ober- und unterliegenden Kraftwerke von Hengstey und Wetter ist, wird zu verschiedenen Zeiten ein sehr unterschiedliches Gefälle zur Verfügung haben. Es sind

[1] Enzweiler: Die Großwasserkraftanlage am Shannon. Z. V. d. I. **1928**, H. 42.

daher an die Anpassungsfähigkeit ihrer Turbinen besonders große Anforderungen zu stellen.

Eine Vergleichsrechnung ergab hier einen erheblichen Vorteil zugunsten von 3 Kaplanrädern mit beweglichen Schaufeln. Die Kosten der Anlage ohne Grunderwerb, Wehr, Verwaltung und Zinsen betragen bei 3 Kaplanrädern 460 RM. je ausgebaute Kilowatt, bei 3 Francisrädern aber 520 RM je Kilowatt. Sie verhalten sich also wie 1:1,14. Von diesen Kosten entfallen etwa 40% auf die Maschinen und 60% auf den Hoch- und Tiefbau. Bei dem vorhandenen geringen Gefälle und einer Schluckfähigkeit von 35 m^3/sec je Turbine weist das Kaplanrad 68 Touren, ein Francisrad aber nur 50 Touren/Minute auf. Um die wirtschaftlich günstige Generatordrehzahl von 750 Touren zu erreichen, kommt man demnach bei Wahl einer Kaplanturbine zu dem günstigen Übersetzungsverhältnis von 1:11, während es bei den Francisturbinen mit 1:15 schon sehr ungünstig würde. Wollte man aber zugunsten des Übersetzungsverhältnisses sich mit einem Generator von geringen Touren zufrieden geben, dann würde dieses wieder eine Verteuerung des Generators bedeuten.

Bei Wahl von 3 Kaplanrädern mit beweglichen Schaufeln konnten überdies die teuren Schnellverschlüsse vor den Turbineneinläufen erspart werden. Statt dessen ist eine doppelte Sicherheitsregulierung der Leit- und Laufräder vorgesehen. Die Steuerung der Servomotoren erfolgt völlig unabhängig voneinander automatisch, so daß beim Versagen des einen Servomotors immer noch der andere intakt bleibt und durch Drosselung ein Durchgehen der Turbinen sicher verhindert wird. Schließt z. B. der Leitapparat nicht, weil infolge des Dazwischenschwimmens eines Fremdkörpers die Schaufeln klemmen, so kommen die Laufräder durch automatische Betätigung zum Schluß, d. h. in eine Art Bremsstellung, wodurch die Turbine abgestellt wird. Einzig und allein für den Fall, daß eine Reparatur notwendig werden sollte, wird zum wasserdichten Abschluß jeweils einer Turbinenkammer eine für alle drei Öffnungen zugepaßte eiserne Schütztafel eingesetzt. Dieses Einsetzen erfolgt mittels des über dem Dach fahrenden Montagekranes, der zu diesem Zweck nach dem Oberwasser zu einen besonderen Kragarm hat.

Auch die Konstruktion der Turbinen und der Generatoren soll demnach auf Grund wirtschaftlicher Erwägungen erfolgen. Nur dann wird das damit ausgerüstete Kraftwerk auch wirklich billigen Strom erzeugen. Zur Erreichung dieses Zieles und zur Ausnutzung aller möglichen Vorteile muß das Beste geleistet werden. Solche Spitzenleistungen erfordern ein enges, verständnisvolles Zusammenarbeiten des Bau-, Maschinen- und Elektroingenieurs. Schützt man sich so am besten vor unliebsamen Überraschungen, die nicht selten zu teueren Nacharbeiten führen, so ist auch ein Festlegen des gesamten Bauprogramms, besonders bezüglich der Montage mit ihren oft ineinandergreifenden Arbeiten unerläßlich. Hierbei hat man sich heute mehr denn je von dem Gesichtspunkt der möglichsten Abkürzung der Bauzeit leiten zu lassen, damit Bauzinsen und etwaige Entschädigungslasten nicht zu hoch anschwellen. Auf diese Weise kann bei verständnisvoller Zusammenarbeit gespart und wirtschaftlich gearbeitet werden.

Es wurde dargelegt, daß die einzige Turbine, die bei großer spezifischer Drehzahl auch bei Teilbeaufschlagung noch gute Wirkungsgrade erzielen läßt, die Kaplanturbine mit beweglichen Laufschaufeln ist. Diese Vorzüge sind so erheblich, daß ohne Zweifel sich dieser Turbinentyp immer mehr durchsetzen wird.

Nach Abschluß der Betrachtung über die Konstruktion der Maschinen seien noch die öllosen Schaltapparate der Beachtung empfohlen[1]. Diese Apparate sind sowohl in Amerika wie auch in Deutschland hergestellt worden. Bei der deutschen Bauart handelt es sich um Preßgasschalter, bei denen das Gas als Löschmittel wirkt. Sie werden zur Zeit praktisch erprobt. Sollten sie gleich betriebssicher sein, wie die bisherige Bauart, dann dürfte mit ihrer Einführung eine weitere Kostenersparnis bei Kraftanlagen verbunden sein.

Es ist noch die Frage nach einer wirtschaftlichen Unterteilung der Maschinen zu untersuchen. Diese Unterteilung wird man heute möglichst klein, d. h. also die einzelnen Maschinenaggregate möglichst groß wählen, um an Kosten zu sparen. Auf Reserven braucht im allgemeinen kein so großer Wert mehr gelegt zu werden, besonders wenn die Anlage auf das Netz eines großen Elektrizitätswerkes arbeitet. Größere Einheiten, d. h. Maschinen mit größerer Schluckfähigkeit verbessern aber in Hochwasser-

[1] Berichte der Sektion 19 der 2. Weltkraftkonferenz. Berlin 1930.

zeiten den Nutzeffekt; ihr Wirkungsgrad ist besser als bei kleinen Einheiten, besonders bei Verwendung von Kaplanturbinen.

Zur Turbine gehören sowohl das Saugrohr wie die Einlaufspirale. Beide beeinflussen in ihrer Konstruktion die bauliche Ausgestaltung des Krafthauses und damit die Anlagekosten desselben. Besonders bei den Propellerturbinen spielt die richtige Saugrohrausbildung eine große Rolle. Mit Steigerung der Schnellläufigkeit der Turbine erhöhten sich zwangläufig die Austrittsverluste der Laufräder. Dieses führte zu den sich nach dem Unterwasser zu konisch erweiternden Saugrohren und zu dem in Europa allgemein gebräuchlichen Betonsaugkrümmer. Diese Bedeutung erhielt das Saugrohr besonders nach Erfindung der Kaplanturbine.

Der Turbinenkonstrukteur bestimmt auf Grund von Modellversuchen, zum mindesten bei größeren Anlagen, die Form und Abmessungen der Wasserwege. Daher ist auch die bereits geforderte enge Zusammenarbeit von Maschinen- und Bauingenieur notwendig. Von der richtigen Ausbildung der Wasserwege im Krafthaus hängt der Wirkungsgrad ab und damit die Menge der erzeugten Energie. In der Ausbildung der Saugschläuche sind der europäische und der amerikanische Turbinenbau verschiedene Wege gegangen. In Europa wird fast ausschließlich der Saugkrümmer angewandt, neuerdings mit scharfer Umlenkung. Kaplan hat die Sohle des Saugrohres möglichst hoch angeordnet; eine Tatsache, die wesentlich geringere Baukosten erfordert als die früher üblichen Konstruktionen[1]. Bei den Kaplankrümmern erhält die äußere Krümmungswand, die Ablenkungswand, einen kleineren Krümmungshalbmesser als die innere.

In Amerika hat man im letzten Jahrzehnt besondere Saugrohrformen entwickelt. Es sind dies besonders das Moody-Saugrohr und der White regainer. Die Amerikaner betrachten als Hauptvorteil dieser Saugrohrformen den höheren Energierückgewinn im Saugrohr. Ein weiterer Vorteil ist die geringere Gründungstiefe, so daß weniger Fundamentsaushub erforderlich wird und eine billigere Wasserhaltung entsteht. Nachteilig dagegen sind die im allgemeinen teureren Herstellungskosten dieser Saugrohre und die unter Umständen erforderlichen größeren Aggregatabstände.

---

[1] Bronner: Kritische Betrachtungen der Berechnungsarten und der konstruktiven Durchbildung der Saugrohre. Wasserkraftjahrbuch 1927/28.

Ein wichtiger Faktor, der die Wirtschaftlichkeit der Anlage beeinflußt, ist der Wirkungsgrad der Turbine, und gerade dieser ist am schwierigsten genau vorauszubestimmen. Es handelt sich hierbei nicht so sehr um den höchsten erreichbaren Wirkungsgrad, da es praktisch unmöglich ist, eine Turbine dauernd mit diesem Wirkungsgrad laufen zu lassen. Es handelt sich vielmehr um den mittleren Wirkungsgrad, den man unter Berücksichtigung aller Faktoren wirklich erreichen kann[1].

Betrachtet man die Turbinen mit einer spezifischen Drehzahl zwischen 150 und 350 Umdrehungen in der Minute, die bei wenig veränderlichem Gefälle arbeiten, so wird dieser mittlere Wirkungsgrad nicht viel von dem Optimum abweichen, da der Wirkungsgrad solcher Turbinen ziemlich konstant ist. Im Gegensatz hierzu ändert sich der Wirkungsgrad der Schnelläufer, die heute wegen ihrer wirtschaftlichen Vorteile bevorzugt werden, rasch mit der Beaufschlagung der Turbine, d. h. also mit der zugeführten Wassermenge. Der Wirkungsgrad ist aber auch eine Funktion des Nettogefälles, so daß er bei niederen Gefällen verhältnismäßig große Änderung erfahren kann.

Die Betriebscharakteristiken bilden also ein wichtiges Element bei der Berechnung der erzeugbaren Energie. Diese Charakteristiken hängen aber nicht allein von der Turbinenkonstruktion als solcher, sondern auch in hohem Maße von der Form und den Abmessungen der Einlaufspirale und des Saugrohres ab. Da es sich bei der Bestimmung der Wasserwege im Krafthaus vorwiegend um die Untersuchung von Strömungserscheinungen handelt, so können durch eine Rechnung diese Strömungsverhältnisse im allgemeinen nicht einwandfrei erfaßt werden, und man ist bei der Ermittlung der hydraulisch günstigsten Form der Spiralzuleitung und des Saugrohres vorwiegend auf Modellversuche angewiesen[2].

Die Erhöhung der Schnelläufigkeit der Wasserturbinen ist außer durch Verminderung der Reibungsverluste im Leit- und Laufrad nur möglich durch die Verkleinerung der Laufraddurchmesser. Dieses aber hätte eine Vergrößerung der relativen Wasser-

---

[1] Dahl: The official tests of the Kaplan turbine at Lilla Edet. Engineering, May 20th 1927.

[2] Leeser: Note sur la meillieure utilisation des puissances disponibles dans les usines hydrauliques en particulier dans les usines à basses chutes. Bericht in der Weltkraftteilkonferenz Basel 1926.

geschwindigkeit beim Saugrohreintritt und damit des Austrittsverlustes aus dem Laufrad zur Folge. Um nun trotz der verhältnismäßig hohen Austrittsverluste für die Turbinen einen guten Wirkungsgrad zu erhalten, war es nötig, im Saugrohr den größten Teil der Austrittsenergie zurückzugewinnen, d. h. die vorhandene Geschwindigkeitsenergie in Druckenergie umzuwandeln.

Diese Umwandlung erfolgt heute in besonders sorgfältig konstruierten Saugrohrformen und hauptsächlich gegen früher bedeutend längeren Saugrohren. Bei den heutigen Propeller- und Kaplanturbinen betragen die Austrittsverluste 30—50% der im ganzen zur Verfügung stehenden Energie; man ersieht daraus die große Bedeutung der Saugrohre, deren richtige und zweckmäßige Ausbildung ausschlaggebend für die Wirtschaftlichkeit der ganzen Anlage sein kann[1].

Gelegentlich der Weltkraftteilkonferenz in Basel 1926 berichtete Ungerer über die Probleme, welche die Ausführung der Kaplanturbine stellt, wie z. B. über die Fragen der Kavitation, der Grenze der Saughöhe und der günstigsten Saugrohrformen.

Der Einbau der Kaplanturbinen erfolgt zur Zeit, bis auf wenige Ausnahmen, in vertikalachsiger Anordnung. Man verwendet für diese Turbinen im allgemeinen das einfach gekrümmte Saugrohr, das in seinem vertikalen Teil einen kreisrunden Querschnitt zeigt, der sich im horizontalen Teil zu einem ellipsenförmigen Querschnitt abflacht. Daß man mit dieser Saugrohrform auf dem richtigen Wege ist, beweisen die erreichten guten Wirkungsgrade und die Tatsache, daß sich bei den ausgeführten Anlagen ein außerordentlich ruhiger Austritt des Wassers aus dem Saugrohr zeigt.

Die Saugrohrform ist nicht nur ein technisches Problem der Hydraulik, sondern wird stark von wirtschaftlichen Erwägungen beeinflußt. Daß sich auch mit einem Spreizsaugrohr ein guter Rückgewinn der Austrittsenergie erzielen läßt, soll nicht bestritten werden. Jedoch haben eingehende Versuche erwiesen, daß diese Form bezüglich der Rückgewinnung der Austrittsenergie keinen wesentlichen Vorteil gegenüber dem richtig geformten gekrümmten Saugrohr ergeben. Dagegen erfordern Spreizsaugrohre, wenn die beabsichtigte Wirkung voll erreicht werden soll, größere Baukosten als der einfache Krümmer.

[1] Thoma, Kaplan und Dubs: Wasserkraftjahrbuch **1924**.

Nach H. B. Taylor[1] wird in Amerika die vertikale Welle bevorzugt. Viele alte Anlagen mit horizontalen Wellen sind inzwischen umgebaut worden. Bei niedrigem Gefälle werden die Wasserwege meist in den Beton des Unterbaues geformt, wobei man den Aggregatabstand möglichst gering wählt. Auch der Vertikalabstand von Turbine zum Generator soll möglichst gering sein.

Über die Saugrohre äußerte sich Acres auf der Londoner Weltkraftkonferenz etwa wie folgt:

„Bei dem früheren Saugrohrtyp war das gerade Rohr am wirkungsvollsten, wenn nur der Unterwasserkanal tief genug gelegt werden konnte. Bei der richtigen Formgebung konnte alsdann der größte Teil der Geschwindigkeitsenergie zurückgewonnen werden.

Die Steigerung der spezifischen Laufradgeschwindigkeit bedingte längere Saugrohre. Bei Vertikalrohren hätte dieses eine unwirtschaftliche Fundierungstiefe zur Folge gehabt. Man kam daher zur Konstruktion der Saugkrümmer. Diese stellen ein Zwittergebilde dar, dessen oberer Teil ein vertikales Saugrohr, dessen unterer Teil aber ein Stück Unterwasserkanal ist. Beide sind durch einen Krümmer verbunden, dessen hydraulische Charakteristiken die Funktion der anderen beiden Teile störte.

Diese Saugkrümmer wurden in Amerika gebaut, bis die spezifische Drehzahl und Kapazität der Turbinenlaufräder sich in einem Maße vergrößert hatten, daß die Energieverluste im Saugrohr Gegenstand ernstester Aufmerksamkeit wurden.

Man kam dann zu besonderen Saugrohrformen, die in dem sogenannten Moody-Spreizsaugrohr und im White hydraucone regainer ihren Ausdruck fanden. Außer dem Gewinn an Wirkungsgrad hat man bei der Anwendung dieser Saugrohrformen den großen praktischen Vorteil der Ersparnis an Fundamentaushub, da die Gründung nicht so tief zu sein braucht."

Der Whitesche hydraucone regainer ist dadurch gekennzeichnet, daß das anfänglich konische Saugrohr in seinem unteren Teil in eine stark geschwungene trompetenartige Erweiterung übergeht. Das Saugrohr von Moody erreicht die Umsetzung von Geschwindigkeitsenergie in Druckenergie ohne jede plötzliche Änderung der Geschwindigkeit oder Richtung in irgend einem Punkte, durch fortschreitendes Ausbreiten des Auslasses und Abbiegen desselben in eine waagerechte Fläche symmetrisch um einen zentralen Kern und gleichzeitig durch Vermindern der Geschwindigkeit durch allmähliche Vergrößerung der Querschnittsflächen[2].

[1] Taylor, H. B.: Bericht über die Weltkraftkonferenz in London, 1924.
[2] Schilhansl: Amerika und wir. Die Wasserkraft 1926.

Es sei noch darauf hingewiesen, daß man z. B. in Schweden die waagerechte Zunge in den Saugrohren fortläßt, z. B. Lilla Edet. Da diese Zungen in Eisenbeton außerordentlich schwierig, also auch teuer herzustellen sind, ließe sich hierdurch eine große Ersparnis erzielen. In Schweden kleidet man auch die Saugrohre mit Holz aus, um den Beton gegen Anfressungen zu schützen. Für die Laufschaufeln der Turbinen verwendet man dort neuerdings den Nirostastahl.

Das Saugrohr ist demnach ein wichtiges Problem beim Bau von Wasserkräften mit niederen Gefällen, denn zweifellos besteht eine Abhängigkeit zwischen Laufrad und Saugrohr. Die weiteren Untersuchungen dieser Zusammenhänge werden es ermöglichen, die heute schon guten Wirkungsgrade noch weiter zu steigern, und damit die Wirtschaftlichkeit der Wasserkräfte weiter zu heben.

Schließlich kommt als weitere wirtschaftliche Maßnahme noch die selbsttätige In- und Außerbetriebsetzung der Maschinen sowie deren Regelung in Frage. Auch in dieser Hinsicht ist das Laufwerk in Herdecke neuartig. Seine Fernsteuerung erfolgt über 1,5 km Entfernung, von dem oberen Werk bei Hengstey aus. Vermittels asynchron anlaufender Generatoren ist eine rasche und einfache Inbetriebsetzung ohne Bedienung möglich. Es genügt die nur zeitweilige Anwesenheit eines Wärters, der im Krafthaus seine Wohnung hat. Die Mehrkosten einer solchen bedienungslosen Betriebseinrichtung sind im Verhältnis zu den Gesamtkosten des Werkes nur gering. In Herdecke betragen sie nur 2,35%, dafür werden aber erhebliche Ersparnisse im Betrieb gemacht. Bei 3 Mann Bedienung zu je 3100 RM. für das Jahr entstehen normal 9300 RM., die gespart werden können und denen in Herdecke 31000 RM zu 10%, d. h. 3100 RM jährlich an Mehrkosten für die Verzinsung der Fernbedienungsanlage gegenüberstehen. Demnach werden 6200 RM. jährlich oder 5% der Baukostenverzinsung durch die Einrichtung der Fernsteuerung gespart. Über schwedische Betriebserfahrungen mit Fernsteuerungswerken wurde in der Sektion XIX der 2. Weltkraftkonferenz, Berlin, 1930, berichtet. Hiernach konnten 75% Personalkosten durch diese Einrichtung erspart werden.

Hieraus ersieht man, daß die Ausbildung kleiner Kraftwerke als selbständige, ferngesteuerte Werke dazu führen kann, auch kleinere, sonst unwirtschaftlich arbeitende Wasserkräfte ausbauwürdig zu machen, besonders, wenn sie wie in Herdecke auf ein größeres Netz arbeiten sollen. Derartige bedienungslose Kraftwerke sind in Amerika vornehmlich zur Ersparung von Betriebslöhnen heute schon gang und gäbe.

3. Einfluß der Bauart des Kraftwerkes auf die Wirtschaftlichkeit der Gesamtanlage.

Nachdem im vorhergehenden Abschnitt der Einfluß der Wahl der Maschinen und ihrer Konstruktion auf die Wirtschaftlichkeit eines Niederdruckwerkes untersucht wurde, soll nunmehr über den Einfluß der Bauart des Krafthauses auf die Wirtschaftlichkeit der Gesamtanlage gesprochen werden.

In Anbetracht der schweren Lasten, die durch die Fundamente eines Kraftwerkes auf den Untergrund übertragen werden und mit Rücksicht auf die bei den Turbinen auftretenden Schwingungen ist bei der Gründung von Wasserkräften große Vorsicht geboten, besonders, wenn man nicht auf dem gewachsenen Felsen gründen kann. Die bodentechnischen Arbeiten spielen dabei eine nicht zu unterschätzende Rolle; hierbei scheue man nicht, den Geologen zu Rate zu ziehen. Es ist natürlich auch die Beschaffenheit des Grundwassers hinsichtlich seiner Angriffsfähigkeit auf den Beton zu untersuchen. Zur Feststellung der zulässigen Bodenpressung kann zweckmäßig der Wolfsholzsche Bodenprüfer[1] benutzt werden, mit dem man den Baugrund in seiner natürlichen Lagerung mit geringen Kosten in jeder Tiefe hinsichtlich seiner Tragfähigkeit untersuchen kann.

Die bisher übliche Bauform ist durch das Laufwerk in Hengstey dargestellt. Bei der monumental wirkenden schlichten Betonbauweise des Krafthauses und des Wehres in Hengstey, die in einem eindrucksvollen Zusammenhang sowohl mit der technischen Bedeutung des Gesamtwerkes als auch mit der umgebenden Landschaft steht, sind die Betonflächen außen und innen schalungsrauh gelassen. Zur Ersparung besonderer Gründungskosten ist hier das Schalthaus auf den Unterbau der Saugschläuche gesetzt, so daß es parallel zum Maschinenhaus liegt. Neben der Raumerspar-

[1] Wolfholzscher Bodenprüfer. Siemens Bauunion **1929**, Nr. 1, Januar.

nis ist dadurch eine gute Übersichtlichkeit erreicht und eine vielgeschossige Schaltanlage vermieden.

Ein Beispiel, wie man durch konstruktive Maßnahmen die Wirtschaftlichkeit einer Wasserkraft weitgehend beeinflussen kann, ist jedoch das Laufwerk, die Stiftsmühle in Herdecke. Es galt eine bisher unzureichend ausgenutzte Wasserkraft durch eine moderne Turbinenanlage zu ersetzen. Das neue Werk wurde neben einem vorhandenen Wehr errichtet. Zur Erzielung des für die große Schluckfähigkeit der Turbinen erforderlichen Einlaufquerschnittes ergab sich infolge der vorhandenen geringen Wassertiefe ein ungewöhnlich breiter Krafthausunterbau. Um beim Bau zu sparen, wurde folgende Lösung gewählt. Die Abmessungen eines Krafthauses sind im wesentlichen von der Größe seiner Maschinen bestimmt. Die Höhe des Hauses muß so bemessen sein, daß genügend Raum vorhanden ist, um mit Hilfe des Kranes die größten Maschinenteile über die in Betrieb befindlichen Maschinensätze frei hinwegheben zu können. Diese Hubhöhe bedingt in den meisten Fällen einen verhältnismäßig großen verlorenen Raum über den eigentlichen Maschinen, besonders da, wo bei niederen Gefällstufen und bei verhältnismäßig großer Wassermenge große Einheiten sich ergeben. Bei dem Laufwerk in Herdecke ist diese Raumverschwendung dadurch vermieden, daß man das Dach des Krafthauses zwischen Maschinen und Kran anordnete. Der Kran fährt demnach als Portalkran im Freien über dem Dach. Die Maschinenmontage erfolgt durch entsprechend große Öffnungen in der Decke. Diese Öffnungen sind durch Luken verschlossen. Sie dienen nebenher zur reichlichen Belüftung der Maschinenhalle, worauf bei der gewählten niederen Bauform Wert zu legen ist. Eine ähnliche Bauausführung zeigt das Ende dieses Jahres in Betrieb genommene Laufwerk Harkort in Wetter.

Die Stiftsmühle ist seit einem Jahre in Betrieb. Irgendwelche Anstände haben sich nicht ergeben. Die Montage durch das Dach ging schnell und glatt vonstatten. In der heißen Jahreszeit erwies es sich als sehr angenehm, die Maschinenhalle durch das Dach zu belüften.

In Amerika ist man noch einen Schritt weitergegangen, nämlich die Maschinen ins Freie zu setzen. Bei einem unserer geplanten weiteren Wasserkraftbauten wollen auch wir dieses versuchen. Die Schwierigkeit liegt vor allem darin, daß bei starken Temperaturunterschieden, also namentlich in der kalten Jahreszeit, sich im Innern der Maschine Schwitzwasser bildet. Dieses muß vermieden werden, da anderenfalls die Wicklungen Schaden leiden. In Amerika hilft man sich dadurch, daß man die Maschinen völlig dicht einschließt und sie in Wasserstoffgas laufen läßt. Hiergegen bestehen mancherlei Bedenken, z. B. kann sich Knallgas bilden. Neuere Vorschläge gehen dahin, Kältemaschinen einzubauen, um die Temperaturen im Innern des Generators unter 0^0 zu halten.

Man sieht, hier sind noch einige Schwierigkeiten zu überwinden, ehe man zu einer befriedigenden Lösung gelangt. Genau aber, wie man überall ohne jegliches Bedenken elektrische Motoren ins Freie setzt, wird man dies auch mit den Generatoren tun können. Es ist z. B. noch nicht lange her, daß man in Fachkreisen eine große Abneigung gegen die Verwendung von Freiluft-Schaltstationen hatte. Die Freiluftanordnung hat sich inzwischen bewährt. Förderlich hierfür war die Explosionsgefahr der Ölschalter. Sollte allerdings der öllose Schalter die in ihn gesetzten Erwartungen erfüllen, dann wäre eine gewisse rückläufige Bewegung denkbar, um so mehr, als von betrieblicher Seite wieder gedeckte Zugänge zu den Schalt- und Trennmesserbetrieben gefordert werden. Auch für die Anwendung dieser Außenschaltanlage war im übrigen maßgebend, daß man an hohen Gebäudekosten sparen konnte. Anfänglich baute man nur Hochspannungsanlagen ins Freie. Heute sind schon viele Mittelspannungsanlagen als Außenanlagen in Betrieb. Beim Bau erzielt man hierbei noch folgende Vorteile: die Vermeidung langwieriger Maurerarbeiten, wesentliche Verkürzung der Montage, also in beiden Fällen Abkürzung der Bauzeit, sowie geringe Wartungskosten für die Anlage im Betrieb. Über die Betriebserfahrungen von Außenschaltanlagen berichtet das Sachsenwerk, Niedersedlitz bei Dresden, in seinem Sonderdruck 74 vom Jahre 1930. Hiernach kann festgetellt werden, daß auch in dem strengen und zum Teil schneereichen Winter 1928/29 keine nennenswerten Schwierigkeiten irgendwo aufgetreten sind. Man kann wohl sagen, daß heute diese Freiluftanlagen sich der größten Beliebtheit erfreuen. Zukünftig wird man daher nur noch besonders empfindliche Apparate in überdachten Räumen unterbringen. Hierdurch werden weitere Ersparnisse im Wasserkraftbau möglich sein.

Nachfolgend sind nun die 3 Krafthausquerschnitte von Hengstey, Herdecke und Wetter zum Vergleich nebeneinandergestellt.

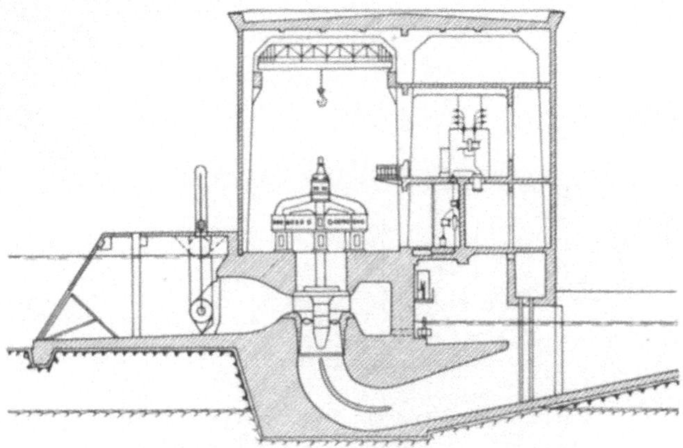

Abb. 5. Querschnitt des Krafthauses in Hengstey.

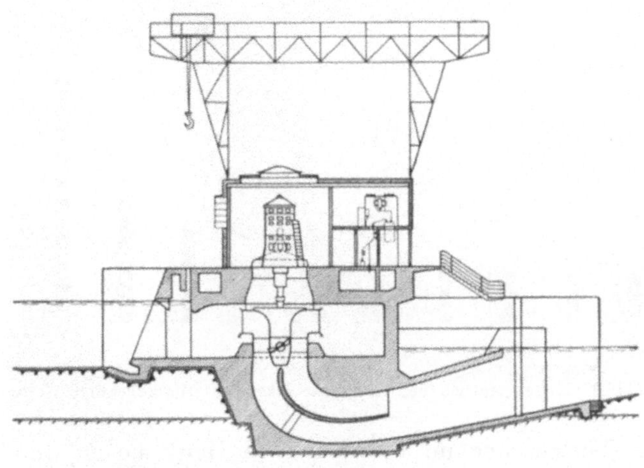

Abb. 6. Querschnitt des Krafthauses in Herdecke.

Durch die bei Herdecke und Wetter angewandte neue Bauweise wurde eine Kostenersparnis von annähernd $^1/_3$ der Kosten der bisher üblichen Bauart, wie sie in Hengstey zur Ausführung gelangte, erzielt.

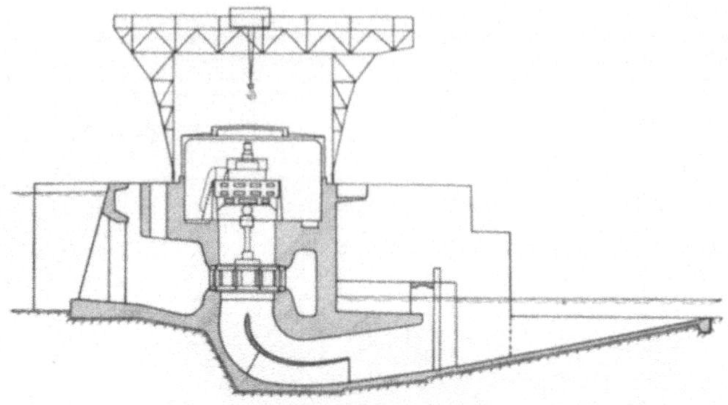

Abb. 7. Querschnitt des Krafthauses in Wetter.

Die Kosten der 3 Kraftwerke Hengstey, Herdecke und Wetter sind in der nachfolgenden Abb. 8 zueinander in Vergleich gestellt.

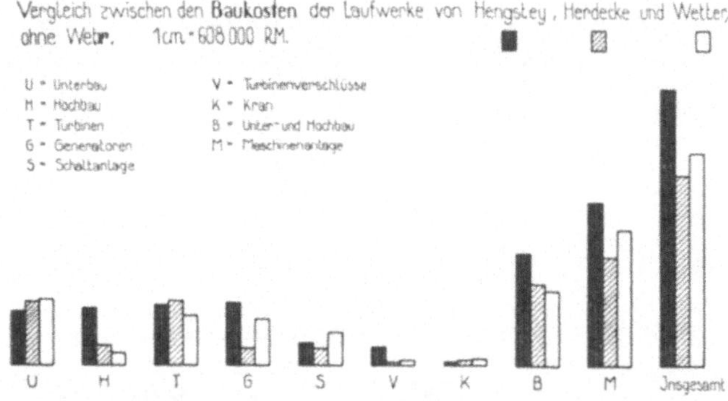

Abb. 8. Kostenvergleich der Laufwerke Hengstey, Herdecke und Wetter.

Die Verteuerung im Unterbau von Herdecke ist durch die notwendige Breite des Bauwerkes begründet. In Wetter liegt die Verteuerung an dem höheren Gefälle. Beachtlich ist die Verbilligung im Hochbau beider Werke. Die hohen Turbinenkosten für Herdecke sind begründet durch das geringe Gefälle, wodurch sich große Maschinen ergaben und durch die Kosten der Zwischengetriebe[1]. Die Generatorenkosten sind in Herdecke natürlich sehr niedrig. Sie sind im übrigen in Wetter geringer als in Hengstey, als Folge des größeren Gefälles. Die Schaltanlage in Wetter wurde teurer, da hier auf eine bestehende Anlage Rücksicht genommen werden mußte. Es fallen schließlich die geringen Kosten der Turbinenverschlüsse von Herdecke und Wetter auf. Die Kosten für die über dem Dach liegenden Portalkräne sind natürlich höher, in Herdecke + 48%, in Wetter + 65% als in Hengstey. Auch wird die Unterhaltung teurer als bei einem im Innern des Krafthauses liegenden Kran. Dieses spielt aber bei den Gesamtkosten keine Rolle.

Für die Beurteilung der Krankosten sind noch die nachfolgend zusammengestellten Zahlen von Bedeutung:

	Gesamtkosten RM	Gewicht kg	Kosten RM/kg	Tragfähigkeit t	Spannweite m	Kosten je Tonne Tragfähigkeit RM/t	Kosten des Eigengewichts je Tonne Tragfähigkeit RM/kg/t
Hengstey .	23 200	26 800	0,87	40	8,6	580	21,5
Herdecke .	34 200	43 000	0,80	25	11,9	1370	32,0
Wetter . .	37 116	42 100	0,88	30	11,5	1228	29,5

Interessant sind auch die Vergleichszahlen für die Gesamtkosten. Bei den reinen Baukosten (B) erkennt man wiederum den Fortschritt. Bei den Maschinenkosten (M) erkennt man den preislichen Vorteil der Getriebeturbinen. Dieser tritt auch noch bei den gesamten Baukosten deutlich hervor. Eine Getriebeturbine erfordert aber erhöhte Betriebskosten, insbesondere an Schmiermaterial. Fällt einmal ein Getriebe wegen eines Schadens aus, dann dauert es mindestens mehrere Monate, ehe die Maschine wieder betriebsfertig wird. Bei größeren Turbinen wird man daher stets den Stromerzeuger unmittelbar mit der Turbinenwelle kuppeln. In der Stiftsmühle bei Herdecke wären aber die Generatoren bei der direkten Kupplung außergewöhnlich groß und damit sehr schwer geworden, so daß sie sehr teuer geworden wären und der Hochbau erheblich mehr Kosten erfordert hätte. Daher waren in diesem Falle, trotz

[1] Großmann: Vertikale Wasserturbinen mit Getriebe für kleine und mittlere Leistung. Escher-Wyss Mitteilung 1928, Nr. 6.

der Größe der Maschinen, die Getriebeturbinen noch am Platze, zumal der Wirkungsgrad moderner Getriebe sehr hoch, nämlich etwa 98% ist. Die Ersparnis zwischen Hengstey und Herdecke beträgt 32%, zwischen Hengstey und Wetter immerhin noch 22%. Je erzeugte Kilowatt kostet Hengstey rund 1000 RM., Herdecke nur noch 730 RM., Wetter schließlich nur 480 RM. Bei völlig gleichwertigen Werken (gleiches Q und h) wäre die Ersparnis noch um 90000 RM. größer gewesen, so daß die wirkliche Ersparnis demnach sogar rund 35% betragen hätte. Aus den vorstehenden Kostenvergleichen ergibt sich auch die bekannte Tatsache, daß die Größe einer Turbine und damit ihr Gewicht und ihr Raumbedarf in hohem Maße vom Gefälle abhängt, vgl. Hengstey und Wetter.

Bei niederem Gefälle kann die Frage auftauchen, ob man nicht Heberspiralen zur Anwendung bringen soll. Besonders bei der liegenden Bauweise wird man dies zur Vermeidung einer zu tiefen Lage des Maschinenflures tun. Diese Bauart erfordert aber Vorrichtungen zur Beseitigung der Luft aus dem Scheitel des Zulaufes. Dieses dürfte im allgemeinen eine teure Anordnung erfordern. Immerhin hat man in Amerika befriedigende Resultate erzielt[1], u.a. wird im Power 1923, Vol. 57, Nr. 21 über das Thema: Largest low head turbines installed in syphon-setting, kurz wie folgt berichtet: 4 Einheiten von 2000 PS; Gefälle 13 ft; 80 Umdr./min. Die Anordnung der Heberspirale gestattet das O.W. um 10 ft gegenüber dem U.W. zu heben. Das Heben des Wassers wird erzielt, durch die Anordnung von 2 Ejektoren pro Einheit. Diese Ejektoren werden durch das Normalgefälle der Anlage betrieben. Die Heberanordnung wurde gewählt, um die Einlaufspirale hoch genug anzuordnen und dadurch das Saugrohr in der erforderlichen Größe auszuführen, ohne eine Mehrtiefe an Fundamentaushub zu erhalten.

Im Betrieb wurde festgestellt, daß bei geschlossenen Turbinenschaufeln die Luft in wenigen Sekunden aus der Einlaufspirale entfernt werden konnte. Die Turbine selbst entfernte innerhalb weniger Sekunden die Luft und es wurden daher Rohrleitungen angeordnet, um durch den Betrieb der Turbine fast alle

[1] Power: **1925**, Vol. 62, H. 1, Largest seven foot head hydroelectric plant.

Luft zu entfernen. Die Ejektoren sind nur erforderlich bei anormalen Vorhältnissen, wenn der O. W. Sp. sich der Decke der Einlaufspirale nähert.

Will man mit der Gründung nicht so tief gehen, weil der gewachsene Fels zu hoch ansteht, dann kann der Hebereinbau auch vorteilhaft werden. Leidinger[1] berichtet hierüber wie folgt: Infolge der großen Austrittsgeschwindigkeit ist die Konstruktion des Saugrohres von äußerster Wichtigkeit. Um an Gründungskosten zu sparen und dennoch einen möglichst großen Wirkungsgrad zu erhalten, wurde die Turbine über O.W. gesetzt und der sogenannte Hebereinbau angewandt.

Der Hebereinbau, der zum ersten Male von Escher-Wyss & Co. in Zürich ausgeführt wurde, gelangt in den U. S. A. sehr oft zur Anwendung, da er immer eine bedeutende Ersparnis an Aushub bedeutet.

Etwas nachteiliger allerdings ist dabei die durch das teilweise Vakuum in der Turbinenkammer stark erhöhte Belastung des Generatorbodens.

4. Einfluß von konstruktiven Maßnahmen zur Gefällvermehrung auf die Wirtschaftlichkeit der Gesamtanlage.

Es wurde schon darauf hingewiesen, daß besonders bei Niederdruckwerken mit ihren an sich schon hohen Ausbaukosten jeder Gefällverlust vermieden werden muß. Um dieses Ziel zu erreichen, ist jeder technische Fortschritt zu benutzen. Hierzu gehört z. B. die Ausbildung der Werkkanäle, eine Frage, die schon behandelt wurde, ferner die Entfernung der Rechenstäbe voneinander, die heute dank der Propellerturbine 50 mm und darüber betragen darf[2]. Hierhin gehört schließlich noch die Frage der Gefällvermehrung bei Hochwasser.

Durch alle diese Maßnahmen kann jedenfalls auf die Wirtschaftlichkeit einer Wasserkraft künstlich eingewirkt werden. Es ist eine bekannte Tatsache, daß kleinere Wasserkräfte bei

[1] Leidinger: Moderne nordamerikanische Wasserkraftanlagen Henry Fords. Schweiz. Bauzeitung **87**, 17 (1926).

[2] Lowartz: Neue Versuche mit lebenden Fischen beim Durchgang durch Turbinenrechen. Wasserkraft und Wasserwirtschaft **1930**.

mittlerem Hochwasser ausfallen, weil bei hohem Unterwasser ihr Gefälle zu klein geworden ist. Es wurde schon darauf hingewiesen, daß in dieser Hinsicht ein Kraftwerk mit längerem Obergraben günstig ist. Eine Minderleistung jeder Wasserkraft ist bedingt zum 1. durch Wassermangel, zum 2. durch Gefällverminderung bei großer Wassermenge. Das Nutzgefälle geht mit steigendem Wasser um so mehr zurück, je kleiner das Rohgefälle ist; bei Anlagen mit Ableitungen, je kleiner das Umleitungsgefälle ist. Ausgleichend wirken Talsperren im Quellgebiet, wenn sie im Interesse der Kraftwirtschaft betrieben werden. Die Seen des Ruhrverbandes, die ich zum Unterschied mit Flußsperren so bezeichnen will, können hier nichts nutzen. Tagesschwankungen, verursacht durch speichernde Triebwerke im Oberwasser, werden allerdings durch diese Seen vorteilhaft ausgeglichen.

Man hat nunmehr nach Hilfsmitteln gesucht den bei steigender Wassermenge ebenfalls steigenden Unterwasserspiegel tief zu halten.

Welcher Art können nun solche Maßnahmen sein? Es gibt verschiedene Möglichkeiten:

1. Die Verwertung des Überschußwassers, das unbenutzt über die Wehre abfließt;

2. die Anordnung von Schützen unmittelbar seitlich der Turbinenausläufe;

3. die Anordnung von Düsen im Saugrohr[1].

Schließlich kann man eine Kombination der drei Möglichkeiten ausführen.

Der Franzose Saugey hat im Werke Chèvres bei Genf Ejektor-Schützen[2] verwandt. Durch diese soll bei größeren Wasserführungen das Unterwasser von den Turbinen fortgerissen werden. Es wird also die Abströmgeschwindigkeit des Wassers im zu eng gewordenen Unterwasserprofil vermehrt. Besser als diese ist schon der Herschel-Ejektor[3] nach dem Prinzip des Venturimeters. Er ist bisher nur in Amerika in einigen kleinen Anlagen von Henry Ford ausgeführt. Die Mischung zwischen Turbinen- und Düsenwasser ist unvollständig. Seine Anwendung ist im übrigen wirt-

[1] Gelbert: Gefällvermehrung bei Niederdruckkraftwerken.

[2] Krey: Zentralblatt der Bauverwaltung **1920,** H. 75.

[3] Dübi: Über die Wirkungsweise des Gefällvermehrers nach Herschel in Verbindung mit einer Turbine. Zürich 1912.

schaftlich stark begrenzt durch die erforderlich werdende tiefe Gründung. Aus einer Zusammenstellung von Geheimrat Danckwerts[1] geht hervor, daß man sich schon vor mehr als 20 Jahren um dieses Problem bemüht hat. Danckwerts konstruierte eine Strahlpumpe, die in dem Scheitel eines Heberrohres eingebaut wurde. Hierfür war eine besondere Entlüftung notwendig. Die Mischung von Turbinen- und Düsenwasser ist auch bei dieser Konstruktion ungenügend. An der technischen Hochschule in Danzig hat Dr. Ing. R. Gelbert erfolgreiche Versuche mit der Freeman-Düse durchgeführt[2]. Gelbert kommt zu folgenden Schlußfolgerungen: Bei neunfacher Normalwassermenge beträgt der Gefällgewinn 25%. Im Gegensatz zu Seitenschützen liegt die größte Spiegelabsenkung bei Verwendung von Düsen im Saugrohr, im Auslauf ist sie das 0,9fache der größten Absenkung. Wo es gilt ein langanhaltendes mittleres Hochwasser zu verwerten, verdienen die mit Schrägblechen versehenen Düsen den Vorzug. Handelt es sich aber darum, größere Hochwasserspitzen zu erfassen, so wird man die anderen Hilfsmittel z. B. die seitlichen Schützen anwenden, da diese eine größere Schluckfähigkeit aufweisen. Sie sind aber teuer, wenn sie besonders gebaut werden müssen. Auf jeden Fall sollten künftig die oft weit in das Unterwasser vorgezogenen Trennwände zwischen den Turbinen des Laufwerkes und der Freischleuse oder dem Wehr vermieden werden. In Herdecke und Wetter haben wir unmittelbar neben dem Krafthaus Spülschleusen, die auch zum Durchschleusen von Schiffen benutzt werden können, errichtet. In Wetter sind sogar zu beiden Seiten des Kraftwerkes Schleusen eingebaut.

Wichtig ist die Stelle an der die Düse in das Saugrohr einmündet. Es darf das Düsenwasser dem Turbinenwasser nicht einen Teil des Saugrohrquerschnittes entziehen, da sonst die Wirkung der Saugrohrerweiterung aufgehoben würde. Es wäre zweifellos eine dankenswerte Aufgabe, unter Verwertung der vorliegenden Versuche, mit der Freeman-Düse nunmehr auch Erfahrungen aus der Praxis zu erhalten.

---

[1] Danckwerts: Technische Maßnahmen, um den Rückstau des Hochwassers unschädlich zu machen. Berlin 1909.

[2] Gelbert: Gefällvermehrung bei Niederdruck-Wasserkraftanlagen. Ernst & Sohn, Berlin 1930.

Schließlich sei bei diesen Hilfsmitteln, welche die Steigerung der Leistung kleiner Gefällanlagen bezwecken, auch noch der Abrahamsche Hydro-Pulsor genannt. Eine solche Turbinenpumpe befindet sich seit 1913 im Schöpfwerk Hüll an der Oste, Regierungsbezirk Stade, in Betrieb. Bei dieser Maschine handelt es sich um eine Art hydraulischen Widder, der die Wirkungsweise einer Turbine hat und zum Heben von Wasser dient. An der Oste wird das Hochwasser jeder Flut zum Antrieb der Turbinen benutzt. Dieser Hydro-Pulsor könnte bei Anlagen kleineren Ausmaßes unter Benutzung des Überschußwassers bei Hochwasser dazu ausgenutzt werden, das Unterwasser einer solchen Anlage durch Fortpumpen tief zu halten.

5. Steigerung der Wirtschaftlichkeit von Niederdruckanlagen durch die Zusammenfassung von Lauf- und Speicherwerken.

Ein wirtschaftlicher Ausbau niederer Gefällstufen ist oft nur durch die Zusammenfassung eines Lauf- und Speicherbetriebes möglich; die reine Laufkraft wird meist unrentabel sein. Der systematische Ausbau eines Flusses ermöglicht einen natürlichen Speicherbetrieb. Die Betriebsmaßnahmen der oberhalb liegenden Stauwerke beeinflussen unmittelbar die Wasserführung der Unterlieger, wie auch die Regelung ihrer Turbinen. Wollen die Werke wirtschaftlich arbeiten, so werden sie sich aufeinander und auf ihr Ausgleichsvermögen einstellen müssen.

Überall in den kleinen Werken des oberen Ruhrgebietes wird mit Hilfe von Mühlenteichen ein natürlicher Flußspeicherbetrieb durchgeführt. Diese Speicherung von Wasser zu Kraftzwecken ist uralt. Absicht war stets das wirtschaftliche Mißverhältnis zwischen der Arbeit die geleistet werden kann und der tatsächlich verwertbaren Arbeit auszugleichen. Ein Versuch, diesen Ausgleich auf dem Wege der Preisgestaltung zu schaffen, führte nicht zum Ziele, da die Produktionserschwernisse bei Nachtarbeit, wie die Erhöhung der Lohnkosten, der sozialen Lasten, Minderung der Arbeitsleistung und vor allem die Abneigung der Arbeitnehmer gegen jede Nachtarbeit hindernd entgegenstanden. Nicht selten wird von Sonnabend bis Montag früh fast der gesamte Zufluß zurückgehalten und zur Anreicherung der Mindestwassermenge des natürlichen Zuflusses der sechs Wochentage benutzt. Durch diese Betriebsweise kann der Wert kleinster Wasserkräfte erheblich gesteigert werden. Zu Zeiten außerordentlichen Niederwassers ist meist nur so eine Betriebsweise mit annehmbaren Wirkungsgraden möglich. Die natürliche Flußspeicherung mehrerer untereinanderliegender Laufkraftwerke, sei es nun als Tages- oder Wochenspeicher, ist besonders da möglich, wo die Schiffahrt nur eine untergeordnete Rolle spielt. Geschieht dieser Speicherbetrieb planmäßig, dann können alle Unterlieger hierdurch Vorteil haben. Ein derart betriebenes Laufwerk erzeugt statt 40% zukünftig bis 60% Tagesstrom, wodurch der Wert der Kilowattstunde im Mittel z. B. von 2,08 auf 2,8 Pfg./KWh gesteigert werden kann. Ein solches Werk wäre dann auch annähernd 30% wertvoller als ein einfaches Laufwerk.

In diesem Sinne können auch die im Bau befindlichen und geplanten Ruhrseen des Ruhrverbandes arbeiten, z. B. zwischen Herdecke und Wetter. Das Hengsteywerk darf ohne Schaden für die Unterlieger die von oben kommende Wassermasse abmahlen und soweit sie in die Zeit der Hauptbelastung fallen, als Spitzenkraft verwenden. In demselben Sinne wie Hengstey wird auch die Stiftsmühle in Herdecke betrieben werden können. Wenn das Wasser diese gekuppelte Anlage am Harkortsee verläßt, kann wieder der Abfluß gleich dem Zufluß sein. Der Harkortsee wird in diesem Falle zum Ausgleichweiher. Die Wasserwirtschaft einer solchen Anlage ist nicht ganz einfach, sie verlangt einige Aufmerksamkeit, besonders, wenn wie in Hengstey noch ein künstlicher Pumpenspeicherbetrieb hinzukommt.

In der folgenden Abb. 9 ist der Betriebsplan für die künstliche und natürliche Speicherung von Hengstey dargestellt und zwar für jede Wasserführung der Ruhr zwischen 10 und 150 m^3/sec. Die zufließende Wassermenge der Ruhr je m^3 ist auf der Achse der Zahlenebene, die im Speicherwerk und im Laufwerk abgemahlene Wassermenge auf der Y-Achse aufgetragen. Die das Laufwerk betreffenden Kurven sind ausgezogen, die das Speicherwerk betreffenden dagegen gestrichelt gekennzeichnet.

Der Betriebsplan soll zunächst nur mittlere Verhältnisse darstellen, d. h. es ist mit gleichmäßigen Entnahme- und Abgabemengen gerechnet. Bei je 12 Stunden Tag- und 12 Stunden Nachtbetrieb rechnet der Tag von 6—12 und 14—20 Uhr, die

Nacht von 20—6 Uhr, wozu noch die Mittagszeit von 12—14 Uhr tritt.

Zur weiteren Erläuterung sei noch erwähnt, daß die drei Laufwerksturbinen eine maximale Schluckfähigkeit von $3\times 30 = 90\,m^3/sec$ aufweisen, und daß das Speicherwerk bis zu

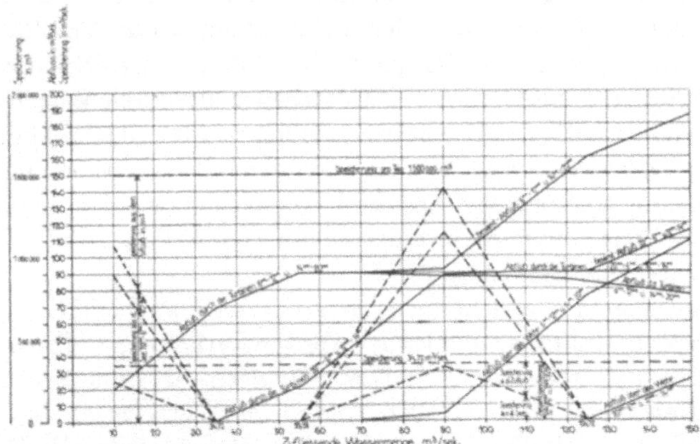

Abb. 9. Wasserwirtschaftsplan für die künstliche und natürliche Speicherung im Hengsteysee.

34,72 m^3/sec speichert und auch abmahlt. Der Pumpenspeicherbetrieb erfolgt als Pumpenbetrieb in den 10 Nacht- und 2 Mittagsstunden, der Turbinenbetrieb in den übrigen Tagstunden zwischen 6 und 12 und 14 und 20 Uhr.

Durch die natürliche Flußspeicherung wird die Schwankung des Oberwasserspiegels im Hengsteysee infolge der künstlichen Pumpenspeicherung vermindert, so daß die Gesamtschwankungen sich in engeren Grenzen halten als ohne die natürliche Speicherung. Bei einer Wasserführung der Ruhr von 10 m^3/sec wird der Tagesabfluß der Turbinen auf 20 m^3/sec gesteigert. Aus dem Seevorrat werden 24,72 m^3/sec für künstliche Pumpenspeicherzwecke verwandt, aus dem Zufluß 34,72 — 24,72 = weitere 10 m^3/sec für die Pumpenspeicherung entnommen. Die horizontale gestrichelte Linie bei 34,72 m^3/sec bezeichnet die Speicherung auf das 12 Stundenmittel bezogen. Im ganzen würden in 10 Stunden, d. h. von 20—6 Uhr nachts 890 000 m^3 aus dem See und 360 000 m^3 aus dem Zulauf, ferner in der Zeit von 12—14 Uhr 178 000 m^3 aus dem See und 72 000 m^3 aus dem Zulauf entnommen. Das sind zusammen 1,5 Millionen m³, entsprechend der oberen gestrichelten Linie, die horizontal verläuft und die tägliche Wasserspeichermenge darstellt.

Weiter ist aus der Abbildung zu ersehen, was jeweils durch die Turbinen abfließt und was bei größeren Wassermengen durch das Wehr zum Abfluß kommt. Schließlich ist noch der Gesamtabfluß eingezeichnet.

Bei 90 m³/sec Wasserführung der Ruhr läuft der Betrieb in den Laufwerken gleichmäßig Tag und Nacht durch. Die Absenkung des Sees ist am größten, da alles Speicherwasser aus dem See genommen werden muß.

Der Ausgleich zwischen Tag- und Nachtwasser erfolgt im Harkortsee.

Man erkennt, daß die Wasserwirtschaft eines solchen Betriebes nicht ganz einfach ist und immerhin an den Betriebsleiter einige Anforderungen stellt.

In Amerika sind gewaltige Jahresspeicherwerke zum Ausgleich der Energiedarbietung und des Energiebedarfs besonders beliebt. Eines der größten dieser Art ist der Martindamm am Tallapoosafluß, ein zweites befindet sich am Saludafluß in South Carolina[1].

Wirtschaftlich kann schließlich auch die künstliche Speicherung von Bedeutung sein, besonders nachdem in den letzten Jahren erhebliche Fortschritte in der Ausbildung der Turbinen und Pumpen gemacht worden sind. Derartige Werke können völlig freizügig, losgelöst von den Grundwerken überall da errichtet werden, wo die Verhältnisse für sie günstig liegen, wo also ihre Wirtschaftlichkeit sichergestellt ist[2]. Derartige Speicherwerke fassen meist eine Reihe von Wärme- und Wasserkraftwerken eines oft sehr großen Gebietes zusammen, indem sie von allen den Abfallstrom entnehmen, um ihn als veredelten Spitzenstrom zurückzuliefern. Überflüssiger Strom wird zum Hochpumpen von Wasser in einen Hochbehälter benutzt, von wo aus das Wasser in Stunden der Belastungsspitzen einer Hochdruckturbine zugeleitet wird. Die Maschinenpumpe, der Motorgenerator und die

[1] Saville: The power situation in the southern appalaction States. Manufacturers Record 21th und 28th IV. 1927.

[2] Haas und Kromer: Die Wirtschaftlichkeit von Pumpenspeicherwerken. Elektrotechn. Ztschr. 1928.

Turbine bilden hierbei eine Einheit auf gemeinsamer Welle. Beim Aufspeichern des Wassers arbeitet der Generator als Motor und treibt die Pumpe, beim Abmahlen treibt dagegen mit abgekuppelter Pumpe die Turbine den Generator. Der Gesamtwirkungsgrad liegt je nach den örtlichen Verhältnissen zwischen 0,5 und 0,65. Vorbedingung für die Anwendung dieser Einrichtung ist ein möglichst steiler Berghang, mit genügend Platz und geeigneten geologischen Verhältnissen für die Errichtung eines Hochbeckens.

Eine der ersten größeren Anlagen sind die Pumpenspeicheranlage am Schwarzenbach und am Wäggital, bei denen sogar keine besonderen Rohrleitungen und Becken zu erbauen waren.

Eine solche Anlage ist nach den grundlegenden Plänen des Ruhrverbandes auch bei Hengstey in Betrieb und bei Wetter geplant. Zum Antrieb der Pumpen wird in Hengstey der Abfallstrom aus Braunkohlen- und aus süddeutschen Wasserkraftwerken, wie auch der Nachtstrom aus den Laufwerken von Hengstey, Herdecke und Wetter benutzt. Bei dem am Tage auftretenden Spitzenbedarf werden die durch Hochpumpen von 1,5 Millionen m^3 Ruhrwasser aufgespeicherten Abfallenergien in wertvollen Tagesspitzenstrom veredelt. Dieser Spitzenstrom fällt in etwa 6 Tagesstunden an. So können bis 0,58 Millionen KWh in einem Spiel, d. h. jährlich über 200 Millionen KWh Spitzenstrom erzeugt werden. Bei einem Wirkungsgrad von 65,4%[1] (Pumpenbetrieb: von 100—80,1%; Turbinenbetrieb: von 80,1—65,4%) sind dafür mindestens jährlich 310 Millionen KWh Abfallstrom notwendig. Insgesamt sind dafür 140 000 KW installiert. Ein ähnlicher Pumpenspeicher mit 180 m Gefälle und rd. 2 Millionen m^3 Inhalt ist oberhalb des Harkortsees in Wetter geplant. Auch hier kommt man mit einer kurzen Rohrleitung aus, was diese Werke, neben ihrer günstigen Lage zum Absatzgebiet, besonders wertvoll macht. In der Nähe von Dresden wurde vor einem Jahr das Pumpenspeicherwerk Niederwartha in Betrieb genommen[2]. Ein weiteres Pumpenspeicherwerk ist bei der Edertalsperre in Bringhausen im Bau und soll nächstes Jahr in Betrieb genommen werden. Zur Ausnutzung der Überschußenergie des Kraftwerks Kembs ist

---

[1] Dritter Teilbericht zum Bericht Nr. 26 in Sektion XV der 2. Weltkraftkonferenz. Berlin 1930.

[2] Rudolph: Das Pumpenspeicherwerk Niederwartha. Deutsches Bauwesen **1930**, H. 9 u. 10.

am Weißen- und Schwarzensee in den Vogesen ebenfalls neuerdings ein Pumpenspeicherwerk mit einer installierten Leistung von 50 000 KW geplant.

Je größer die installierte Leistung in einem Pumpenspeicherwerk ist, um so billiger werden die Anlagekosten je Kilowatt. Je geringer die Benutzungszeit für die elektrische Energie ist, um so günstiger werden die Verhältnisse für ein solches Pumpenspeicherwerk.

Pumpenspeicherwerke sollten möglichst im Absatzgebiet errichtet werden; ihre Wirtschaftlichkeit ist jedenfalls dort am günstigsten[1].

In dem an großen natürlichen Wasserspeichern armen Deutschland liegt jedenfalls in diesen Spitzenleistungen eine Möglichkeit, um auch heute noch Wasserkräfte mit Wärmekraftwerken in einen aussichtsreichen Wettbewerb treten zu lassen.

Die wichtigste Aufgabe, die diesen Pumpenspeicherwerken obliegt, nämlich bei Steigerung des Strombedarfs teure Erweiterungen vorhandener Wärmekraftanlagen zu vermeiden und eine möglichst große Reserve für die Betriebssicherheit zu schaffen, zwingt aber auch, bei ihrer Errichtung äußerste Sparsamkeit walten zu lassen, um nicht von vornherein die Wirtschaftlichkeit in Frage zu stellen. Es wäre bedauerlich, würde dem guten Gedanken, der dieser Anlage innewohnt, durch ein unwirtschaftliches Bauen, Abbruch getan. Die Ausbaukosten einer Wärmekraftanlage, d. h. also einer Anlage mit reiner Energieerzeugung, soweit sie größere und moderne Betriebseinrichtungen enthält, liegen heute mindestens bei 280 RM./KW. Die Kosten des Pumpenspeichers bei Hengstey werden etwa bei 250 RM./KW liegen. Man muß aber ferner berücksichtigen, daß die Abschreibungsquote für Wärmekraftanlagen mit Rücksicht auf die geringere Lebensdauer, die größeren Bedienungskosten und das schnellere altern der Maschinen, wesentlich höher sein wird. Deshalb ist oft die Ergänzung einer Wärmekraftanlage durch ein Pumpenspeicherwerk wirtschaftlicher als der weitere Ausbau des Dampfwerkes.

Danach muß ein Pumpenspeicherwerk, das ja immer als teilweiser Vernichter, wenn auch wertloser Energien, anzusprechen

---

[1] Schultze: Die Wirtschaftlichkeit von Pumpenspeicherwerken abseits der Verbrauchsgebiete. Elektrotechn. Ztschr. **1930**, H. 40.

ist, unbedingt billiger sein, als ein entsprechendes Dampfwerk. Es dürften 250 RM./KW daher noch zu hoch sein. Durch äußerste Sparsamkeit im Bau werden diese Kosten für das Pumpenspeicherwerk in Bringhausen nur etwa 220 RM./KW betragen.

In Niederwartha liegen die Verhältnisse nicht so günstig, weil die Rohrleitung sehr lang werden mußte. Lange Rohrleitungen steigern die Ausbaukosten; aber auch die Betriebskosten mehren sich. Daher ist nicht etwa jede Höhe an einem Fluß zur Anlage von Pumpenspeicherwerken geeignet.

Eine andere Art des wirtschaftlichen Ausbaues von Pumpenspeichern bietet sich bei Verwendung der z. B. in unserem Bezirk in größerem Umfange stillgelegten Bergwerke. Die verlassenen Hohlräume dieser Bergwerke können mit verhältnismäßig geringen Mitteln als Gegenbecken ausgebaut werden. Es dürfte dies besonders dort am Platze sein, wo Höhen zur Anlegung solcher Becken nicht vorhanden sind. Auch diesem Gedanken ist der Ruhrverband seit einiger Zeit nähergetreten.

Bleibt man nun bei dem Ausbau von Pumpenspeicherwerken bemüht, sich von den oben geschilderten wirtschaftlichen Erwägungen leiten zu lassen, dann werden diese Werke mit der weiteren Vervollkommnung des elektrischen Energieaustausches mehr und mehr im Ansehen steigen, zumal sie als die beste Augenblicksreserve für weit verzweigte Versorgungsleitungen schon heute unentbehrlich sind.

Die immer steigende Bedeutung, die man der Speicherung auf hydraulischem Wege beimißt, möge daraus ermessen werden, daß von dem 1921 in Betrieb genommenen Speicherwerk Fridingen, mit insgesamt 1860 PS, 1930 die Pumpenleistung in Hengstey schon auf rd. 110 000 PS gestiegen ist.

III. Anteil des Materials an dem wirtschaftlichen Ausbau niederer Gefälle.

Im ersten Teil dieser Arbeit wurde gezeigt, wie bereits durch die allgemeine Anordnung und konstruktive Durchbildung des Entwurfes auf die Wirtschaftlichkeit von Wasserkraftanlagen hingewirkt werden kann. Es soll nunmehr ebenfalls an Hand von

Ausführungsbeispielen der Anteil des Materials an dem wirtschaftlichen Ausbau niederer Gefällstufen untersucht werden.

Der hauptsächlichste Baustoff neuzeitlicher Wasserkraftanlagen ist der Beton. Die Entwicklung der Betontechnik in den letzten Jahren wird gekennzeichnet durch zielbewußte Arbeit zur Erreichung eines gleichförmigen, aber auch wirtschaftlichen Betonproduktes. Wirtschaftlichen Beton bereiten heißt mit geringsten Kosten, die besten Güteeigenschaften dieses Baustoffes für den jeweiligen Bauzweck zu erzielen.

Mit Recht weist daher Prof. Probst[1] darauf hin, daß die Sicherheit und gleichzeitig die Wirtschaftlichkeit es verlangen, daß bei jeder Baukonstruktion zuerst die Zweckfrage beantwortet wird. Erst der Verwendungszweck ermöglicht die Wahl der geeigneten Zusammensetzung des Betons; je nachdem man ein Material von hoher Elastizität und Festigkeit oder von großer Dichtigkeit, oder beides gleichzeitig verlangt, wird man danach die Richtlinien für die Zusammensetzung, Bereitung und Verarbeitung des Betons zu suchen haben.

Bei allen Wasserbauten, bei denen Beton oder Eisenbeton zur Anwendung kommt, ist zu beachten, daß die Vorbedingungen ganz anderer Art sind, wie bei der Verwendung im Hochbau und Brückenbau. Es kommt hier vor allen Dingen darauf an, einen Beton herzustellen, der neben guten Festigkeitseigenschaften auch eine möglichst große Wasserundurchlässigkeit besitzt.

Es darf als allgemein bekannt vorausgesetzt werden, welche außerordentlich wichtige Rolle die zweckmäßige Wahl der Betonkomponenten bei der wirtschaftlichen Herstellung des Betonmaterials spielt. Durch geeignete Maßnahmen kann nicht nur eine Verbilligung des Materials an sich herbeigeführt werden, sondern es kann auch auf die Anwendung der teueren, in ihrer Wirkungsweise aber fragwürdigen, Schutzmittel, wie Verputze, Anstriche u. dgl. verzichtet werden.

Im Folgenden soll nun untersucht werden, welche Faktoren die wirtschaftliche Herstellung des Betons beeinflussen und zwar stets unter Berücksichtigung der jeweils geforderten Güteeigenschaften. Hierbei wird insbesondere festgestellt, in welcher Weise

[1] Probst: Beton, Anregung zur Verbesserung des Materials. Ein Ergänzungsheft zu Vorlesungen über Eisenbeton. Berlin: Julius Springer 1927.

der Anteil des Materials an dem wirtschaftlichen Ausbau von Wasserkraftanlagen mit niederem Gefälle in den Kosten zum Ausdruck kommt.

1. Maßnahmen zur wirtschaftlichen Aufbereitung des Betonmaterials bei der Ausführung der Ruhrkraftwerke.

a) Einfluß der Wahl des Bindemittels.

Als Bindemittel finden Portlandzement, Eisenportlandzement, Hochofenzement und in besonderen Fällen auch Tonerdezement, sowie die verschiedenen Spezialzemente, Verwendung. Hierbei kann vorausgesetzt werden, daß die Normenzemente, was die Festigkeit und die sonstigen Eigenschaften anbelangt, einwandfrei sind. Eine Nachprüfung auf der Baustelle oder im Laboratorium dürfte jedoch immer zweckmäßig sein.

Bei der Wahl der Zementart wird neben der Kostenfrage, besonders der Frachtkosten, die Frage maßgebend sein, ob die Möglichkeit chemischer Angriffe auf die Betonbauwerke gegeben ist. Man wird hierbei, je nach der Natur des chemischen Angriffs entscheiden müssen, welche Bindemittel zu den bestimmten Fällen die geeignetsten sind, ferner ob irgendwelche Zusätze oder konstruktive Maßnahmen erforderlich werden.

Beim Bau des Ruhrkraftwerkes Hengstey war zu beachten, daß das Lennewasser schwachen Sulfatgehalt aufwies. Aus diesem Grunde wurde bei den Betonbauten, die mit dem Wasser in Berührung kamen, Hochofenzement verwandt, der wegen seiner Kalkarmut überall dort besonders geeignet ist, wo man es mit aggressivem Wasser zu tun hat.

So kann auf diese Weise schon durch die zweckmäßige Wahl des Bindemittels eine Verringerung der Kosten herbeigeführt werden, da die Aufwendungen für teure Schutzmittel, wie Verputz, Anstriche und Verkleidung in Fortfall kommen.

Man übersieht zu oft, daß ein Verputz nur unter bestimmten Bedingungen von Wert ist. Er muß an dem Beton gut haften. Da er aber erst nach dem Ausschalen, also oft nach mehreren Wochen, aufgebracht werden kann, so wird das nicht immer der Fall sein. Ferner darf hier nicht unberücksichtigt bleiben, daß ein zementreicher Putz rasch schwindet und Schwindrisse hervorrufen kann, die um so mehr in Erscheinung treten, je älter der darunter liegende Beton und je zementärmer dieser ist. Es können auf diese Weise zahlreiche Angriffsstellen für chemische und mechanische Angriffe entstehen. Die Erfahrung hat jedenfalls an vielen Beispielen gezeigt, daß es nicht leicht ist, einen Putz herzustellen, der unbedingt rissefrei bleibt und auf dem darunterliegenden Beton fest haftet. Es dürfte sich daher, ganz abgesehen von der Kostenfrage, immer empfehlen, durch andere Mittel den Beton vor Angriffen zu schützen.

Dem Verputz wird im allgemeinen aber auch noch eine andere Aufgabe zugewiesen. Er soll die Wasserdichtigkeit der Beton- und Eisenbetonkonstruktionen erhöhen.

Auch hier läßt sich dasselbe Ziel auf wirtschaftlichere Weise durch die geeignete Wahl der Kornzusammensetzung der Zuschlagstoffe und durch einen Zusatz von Traß erreichen. Auf diese Frage soll im nächsten Abschnitt noch näher eingegangen werden.

Durch Zusatz von Traß, oder dem sogenannten Linkkalk, kann eine Verringerung der Hohlräume erzielt werden. Hierbei wird gleichzeitig unter Bindung des aus dem Zement freiwerdenden Kalkes eine größere Dichtigkeit und Plastizität hervorgerufen. Der Wert des Traßzusatzes liegt also nicht allein darin, daß er den überschüssigen Kalk bei kalkreicheren Zementen bindet, sondern auch darin, daß er den Beton leichter verarbeitbar macht, insbesondere, wenn es sich um magere Mischungen handelt, so daß man mit geringerem Wasserzusatz, also auch zur Erreichung einer bestimmten Festigkeit mit geringeren Zementmengen auskommt.

Die zuzusetzende Traßmenge darf jedoch ein gewisses Maß nicht überschreiten. Je magerer die Mischungen sind, desto mehr Traß kann zugesetzt werden. Ein Überschuß von Traß ist von Nachteil und verringert die Festigkeit nicht unwesentlich bei Verzögerung des Abbindens. Des öfteren ist die Frage der Zusatzmenge des Trasses auch vom wirtschaftlichen Standpunkt aus untersucht worden[1]. Hierbei ergab sich stets eine Zementersparnis, die sogar erheblicher sein kann als die entsprechende Festigkeitseinbuße infolge der Magerung des Betons.

[1] Bach: Traß im Portlandzementmörtel. Tonind.-Ztg. 1927.

Um den wirtschaftlichsten Traßzusatz für seine Wasserkraftbauten zu ermitteln, hat der Ruhrverband eine Reihe von Untersuchungen in seinem Betonlaboratorium durchführen lassen. Im ganzen wurden 3 Versuchsreihen hergestellt, die in den Abb. 10—12 mit *V*, *O* und *M* bezeichnet sind. Das Mischungsverhältnis aller Reihen ist 1:7 nach G. T., der Wasserzusatz wurde so gewählt, daß die Reihe *V* gießfähige Konsistenz ergab, während die anderen beiden Reihen *O* und *M* plastische Konsistenz aufweisen. Veränderlich ist der Traßzusatz und mit *V 1* bzw. *O 1* und *M 1* bezeichnet, die Würfel mit 20% Traßzusatz erhielten die Bezeichnung *V 2* bzw. *O 2* und *M 2* usf.

Mit steigendem Traßgehalt steigt auch der Wasseranspruch, da die Reihen auf der Basis gleicher Konsistenz miteinander verglichen werden sollten.

In allen drei Reihen wurde Hochofenzement der Friedrich-Wilhelms-Hütte in Mülheim und Traß aus dem Nettetalerwerk Meurin bei Andernach verwandt. Das Verhältnis von Sand zu Kies betrug bei den Reihen:

Reihe *V*: 48% Sand bis 7 mm Korngröße und 52% Rheinkies bis zu 60 mm Korngröße. Die Konsistenzzahl *K*, mit dem Fließtisch gemessen, betrug 193.

Reihe *O*: 45% Sand bis 7 mm Korngröße und 55% Rheinkies bis zu 60 mm Korngröße. $K = 175$.

Reihe *M*: 35% Sand bis 7 mm Korngröße und 65% Rheinkies bis zu 60 mm Korngröße. $K = 169$.

Die Ergebnisse der Untersuchungen sind auf den Abb. 10—12 dargestellt. Man ersieht aus den Auftragungen, daß der wirtschaftlichste Traßzusatz bei 20% liegt. Ein größerer Traßzusatz erhöht den Wasseranspruch und zieht eine Verringerung der Betonfestigkeiten nach sich.

Parallelversuche mit dem Kunstprodukt, dem sogenannten Linkkalk, zeigten ähnliche Ergebnisse.

Man ersieht hieraus, daß es möglich ist, höhere Festigkeiten bei Verringerung der Zementmenge, also auch bei Verringerung der Kosten, zu erreichen. Man hat dabei noch den weiteren Vorteil, daß der Beton unempfindlicher gegen Schwinderscheinungen und Temperatureinflüsse wird, was im Hinblick auf die Erzielung eines dichten Betonmaterials von Vorteil ist, da Rißbildungen

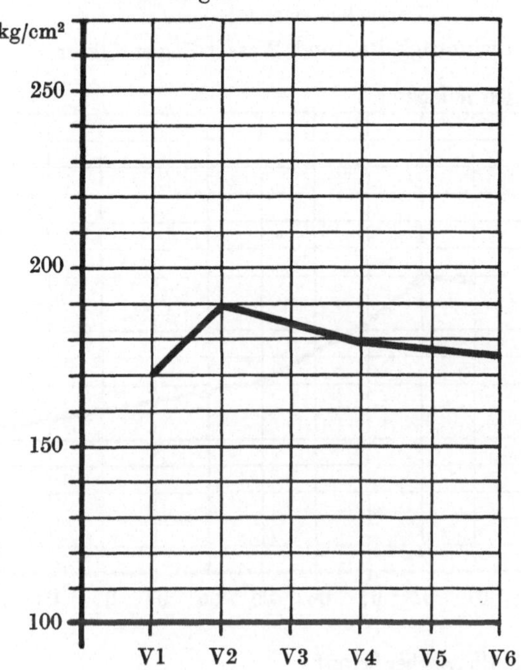

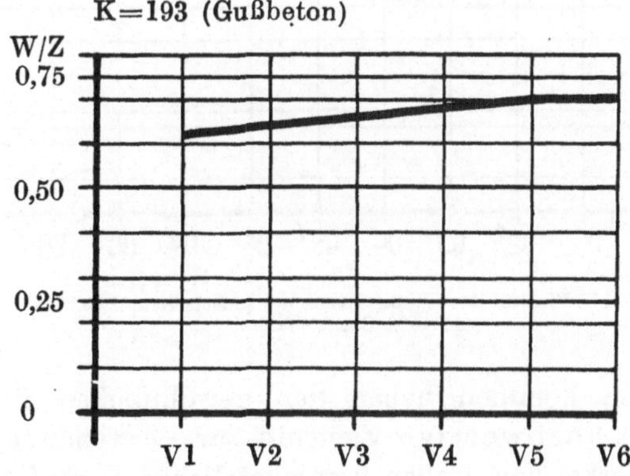

Abb. 10. Einfluß des Traßzusatzes bei gießfähigem Beton mit 48% Sandgehalt.

bei Wasserkraftbauten unter allen Umständen vermieden werden müssen.

Versuchswürfel O1—O10
Druckfestigkeiten und Wasser-Zementfaktor

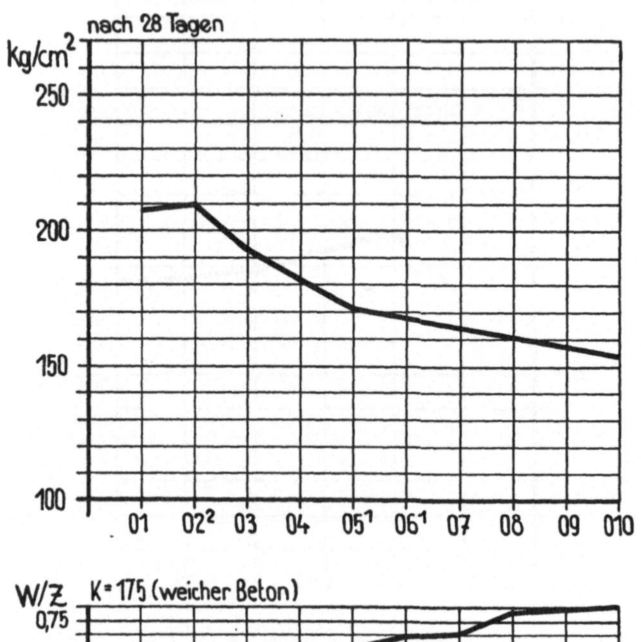

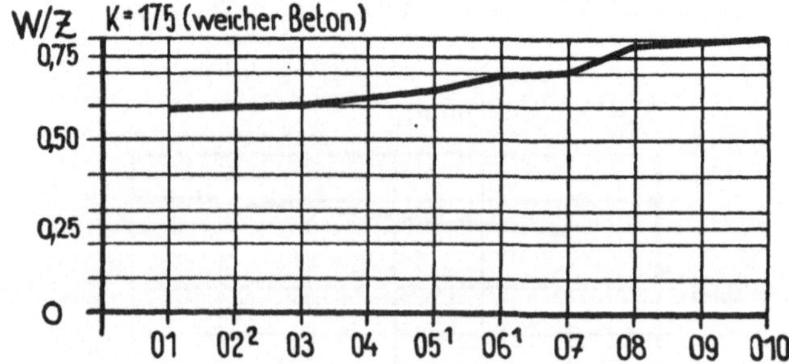

Abb. 11. Einfluß des Traßzusatzes bei plastischem Beton mit 45% Sandgehalt.

Nicht selten kommen neben den gewöhnlichen Portlandzementen auch hochwertige Zemente zur Verwendung.

Man hat hierbei den großen wirtschaftlichen Vorteil, daß bei wesentlicher Abkürzung der Bauzeit an Schal- und Rüstholz gespart werden kann. Die durch die kürzere Bauzeit erzielte Ersparnis an Bauzinsen kann unter Umständen auch recht erheblich ins Gewicht fallen. Da ferner die Schalungsfristen

Versuchswürfel M1—M10
Druckfestigkeiten und Wasser-Zementfaktor

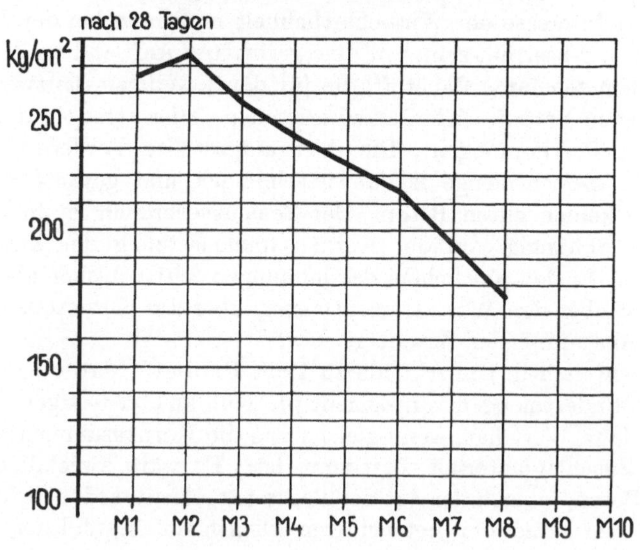

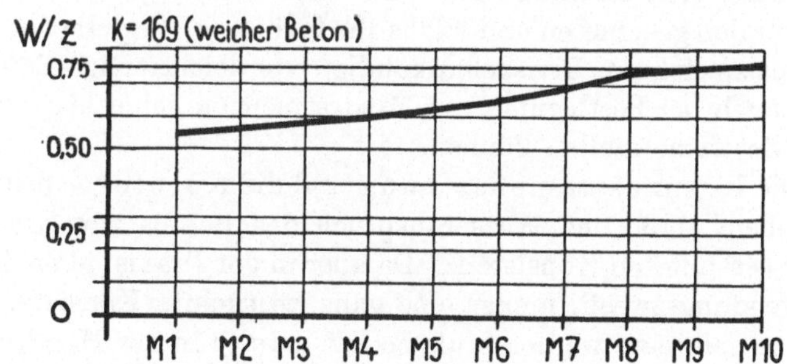

Abb. 12. Einfluß des Traßzusatzes bei plastischem Beton mit 35% Sandgehalt.

abgekürzt werden, so läßt sich bei gleichen Bauteilen die Schalung öfter wieder verwenden, was wiederum eine Verringerung der Kosten nach sich zieht. Ein weiterer konstruktiver und wirtschaftlicher Vorteil ist darin zu sehen, daß bei der Verwendung von hochwertigem Zement sich größere Betonfestigkeiten ergeben. Hierdurch sind kleinere Abmessungen der Bauglieder und damit geringere Eigengewichte möglich.

b) Maßnahmen zur Verbesserung des Zuschlagmaterials.

Im Interesse der Wirtschaftlichkeit muß man bei der Betonbereitung bestrebt sein, mit dem geringsten Aufwand an Zement, als dem teuersten Baustoff, die für den jeweiligen Bauzweck geforderten Betonfestigkeiten zu erreichen. Hier versagen die amtlichen Bestimmungen. Die dort aufgestellte Forderung einer Mindestzementmenge ist unwirtschaftlich und garantiert noch lange keinen guten Beton. Der Zementverbrauch ist in hohem Maße abhängig von der Kornzusammensetzung der Zuschlagstoffe. In den amtlichen Bestimmungen fehlen bisher aber Angaben über den Wasserzementfaktor, über die Korngrößen, über die Abstufung der Zuschläge usw.

Sehr richtig bemerkt hierzu Prof. Probst[1], daß die Angabe von Mindestmengen von Zement pro Kubikmeter fertigen Betons nur dann Wert hat, wenn gleichzeitig die Kornzusammensetzung des Zuschlagmaterials bestimmt ist. Es wäre zweckdienlicher für Beton, je nach der Art des Bauwerks, Mindestfestigkeiten und den Grad der notwendigen Dichtigkeit festzulegen. Man überlasse dem sachkundigen und verantwortungsbewußten Ingenieur den geeigneten und wirtschaftlichen Weg, die Güte des Betons zu sichern. Der sachunkundige oder leichtfertige Bauleiter wird auch bei Festlegung von Mindestmengen schlechten Mörtel und Beton herstellen können.

Die Kornzusammensetzung und die Kornform bedingen in hohem Maße den Wasseranspruch des Betons zur Erzielung einer bestimmten Konsistenz. Da aber in der Praxis, je nach dem Verwendungszweck, immer eine ganz bestimmte Konsistenz des Betons gefordert werden muß, so hat man es in der Hand, durch eine geeignete Kornzusammensetzung des Zuschlagsmaterials in wirtschaftlicher Weise die Konsistenzen zu beeinflussen. Hierbei ist noch zu beachten, daß für eine gute Konsistenzbildung eine gute Kornabstufung von großer Bedeutung ist. Auch die Ausbeute,

[1] Probst: Beton, Anregungen zur Verbesserung des Materials. Ein Ergänzungsheft zu „Vorlesungen über Eisenbeton". Berlin: Julius Springer 1927.

d. h. das Verhältnis des Volumens des fertigen Betons zu dem Volumen der einzelnen Rohstoffe, hängt wesentlich von der Kornzusammensetzung des Zuschlagsmaterials ab.

Man wird diese, für die wirtschaftliche Betonherstellung so wichtige Frage in verschiedener Weise behandeln, je nachdem man einen dichten oder einen sehr festen Beton herstellen will.

Wegen des die Festigkeit entscheidend beeinflussenden Wasserzusatzes sind die Zuschläge nach Abstufung und Form die günstigsten, die für eine bestimmte Konsistenz des Betons den relativ geringsten Wasseranspruch aufweisen.

Bestimmend für diesen Wasseranspruch ist der Gehalt an staubfeinen Bestandteilen. Nach Untersuchungen von Probst soll der Gehalt an Feinsand nicht mehr wie etwa 5% des Anteils des gut abgestuften Sandes betragen, wenn man einen Beton mit hohen Festigkeiten herstellen will.

Will man dagegen die Wasserdurchlässigkeit verringern bei gleichzeitigem Verzicht auf die größtmöglichen Festigkeiten, so wird man den Feinsandgehalt bis zu etwa 15% des gesamten Zuschlags steigern können.

Will man sich ein Bild von der Kornzusammensetzung eines Zuschlagsmaterials machen, so bedient man sich der Siebanalyse.

Eine der ältesten Regeln für die Beurteilung des Zuschlagsmaterials geht nun dahin, daß Dichtigkeit gleich Festigkeit zu setzen ist. Eine Ansicht die aber nicht zutrifft, wie neuere Untersuchungen bewiesen haben. Die von Grün[1] empfohlene Porenvolumenmethode hat daher nur sehr bedingte Gültigkeit, wenn es auf die Festigkeit des Betons ankommt. Diese Methode ist auch für die Praxis reichlich umständlich und meist unwirtschaftlich, denn die Natur liefert niemals ein so gesetzmäßig aufgebautes Zuschlagsmaterial.

Eine andere Art der Betrachtung der Kornzusammensetzung von Betonzuschlagstoffen ist die im Sinne des Abramschen Feinheitsmoduls. Abrams hat gefunden, daß trotz verschiedener Kornzusammensetzung solange gleiche Betonfestigkeiten erzielt werden, als der Feinheitsmodul gleich bleibt und der Beton eine verarbeitbare Konsistenz besitzt. Das ist möglich, wenn man den Wasserzusatz gleich läßt. Es ist jedoch unwahrscheinlich, daß

[1] Grün: Der Beton. Berlin: Julius Springer 1926.

Abrams bei allen Mischungen dieselbe Verarbeitbarkeit erreicht haben kann, da sowohl sehr grobe als auch feine Mischungen zwar denselben Feinheitsmodul aber verschiedenen Wasseranspruch haben können, wenn man eine bestimmte Konsistenz erzielen will.

Die heute gebräuchlichste Regel zur Beurteilung der Kornzusammensetzung besteht in einem Vergleich der Bausiebkurve mit einer Idealkurve, z. B. der Fullerkurve. Selten wird aber das in der Natur gewonnene Kiessandmaterial in seiner Kornzusammensetzung genau den Idealkurven entsprechen. Es ist aber auch gar nicht notwendig, diese Stetigkeit der Kurve allzu pedantisch anzustreben. Man kann sich vielmehr mit einem Verlauf der Bausiebkurve innerhalb eines gewissen Flächenbereiches vollauf begnügen[1].

Hummel bestärkt diese Probstsche Flächenregel, indem er sagt, daß die Idealkurven nicht das Alleinseeligmachende seien. Er weist ferner noch auf die Bedeutung des Abramschen Feinheitsmoduls hin[2]. Allerdings hat Hummel hauptsächlich die Festigkeit des Betons im Auge. Beim Bau von Wasserkraftanlagen spielt aber, worauf schon wiederholt hingewiesen wurde, für die meisten Konstruktionsteile die Dichtigkeit die wesentlichste Rolle. Hierbei müssen andere Gesichtspunkte maßgebend sein.

Man wird die für den jeweiligen Bauzweck wirtschaftlichste Betonzusammensetzung am besten auf dem Wege des systematischen Versuchs ermitteln. Hierbei ist die Prüfung und eventuelle Verbesserung der Zusammensetzung der Zuschlagstoffe zunächst das Wichtigste.

Abb. 13 stellt die Grenzwerte (Kurven *a* und *b*) der Kornzusammensetzung des auf die Baustelle des Kraftwerkes Hengstey angelieferten Rheinkieses dar. Man erkennt die starken Schwankungen im Sandgehalt und in der mittleren Korngröße und sieht hieraus die Wichtigkeit einer dauernden, sorgfältigen Baukontrolle.

---

[1] Vgl. die diesbezüglichen Ausführungen von Probst in seinen „Anregungen“.

[2] Hummel: Die Auswertung von Siebanalysen und der Abramssche Feinheitsmodul. Zement **1930**, H. 15.

In den Abb. 14—16 sind Beispiele für die Verbesserung eines mangelhaften Kiessandmaterials dargestellt, wie sie auf der Baustelle in Hengstey vorgenommen wurde[1]. Hierdurch wurden

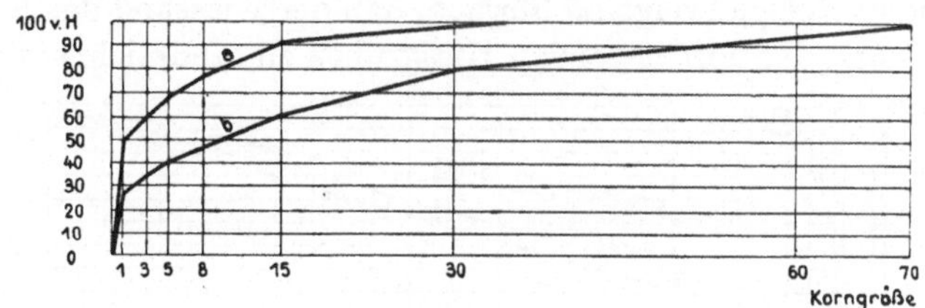

Abb. 13. Grenzwerte der Kornzusammensetzung von Kiessand aus dem Unterrhein.

gleichzeitig eine dauernd gleichmäßige Siebkurve, ein gleicher Wasseranspruch und damit auch gleiche Festigkeiten erzielt.

Der durch die Bausiebkurve in Abb. 14 charakterisierte Kiessand weist einen zu großen Sandgehalt auf, das Material ist also an sich zu fein. Für die Verbesserung wurde Splitt verwandt, dessen Kornzusammensetzung aus der gestrichelt dargestellten Kurve zu ersehen ist. Durch Mischung von 25% Splitt mit 75% Kies wurde die strichpunktierte Kurve erreicht, die sowohl gute Festigkeiten als auch eine gute Verarbeitbarkeit des Betons ergab.

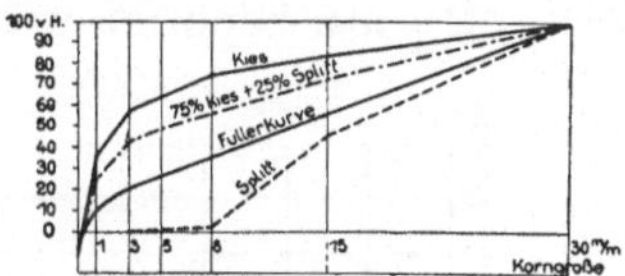

Abb. 14. Verbesserung von Kiessand durch Splittzusatz.

In Abb. 15 ist ein Betonkies, der für die Herstellung großer Betonblöcke verwendet wurde, dargestellt. Es erwies sich

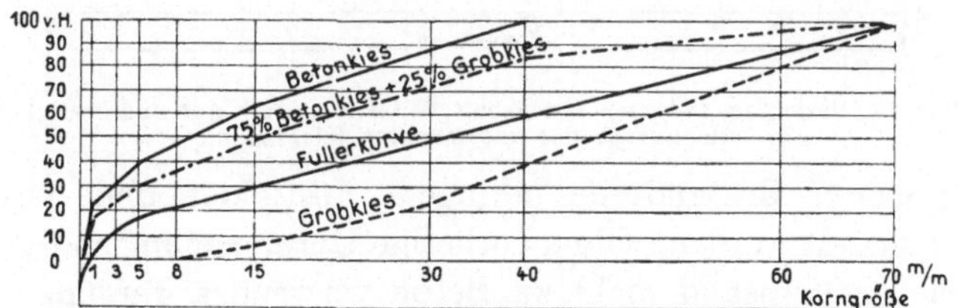

Abb. 15. Verbesserung von Kiessand durch Vergröberung des Materials.

das Material für den beabsichtigten Zweck in seiner Gesamtheit als zu fein, da das größte Korn nur einen Durchmesser von 40 mm

[1] Spetzler u. Möhle: Die Baukontrolle beim Gußbeton.

aufwies. Durch Mischung von 75% dieses Kieses mit 25% groben Kies wurde der Betonkies auf eine maximale Korngröße von 70 mm gebracht.

Dieses Beispiel zeigt im übrigen, daß der Kiessand des Niederrheines und der dort liegenden Kiesgruben zu sandreich, sowie der

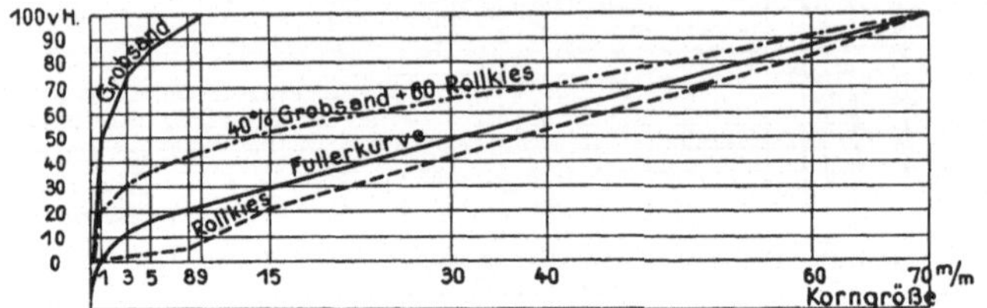

Abb. 16. Verbesserung von Kiessand durch getrennte Anlieferung von Sand und Kies.

Kies selbst im Größtkorn zu klein ist. Diese natürliche Kornzusammensetzung ist daher für Wasserbauten unwirtschaftlich, weil zur Erreichung eines möglichst dichten Betons ein größerer Zementzusatz benötigt wird, und andererseits durch das Fehlen

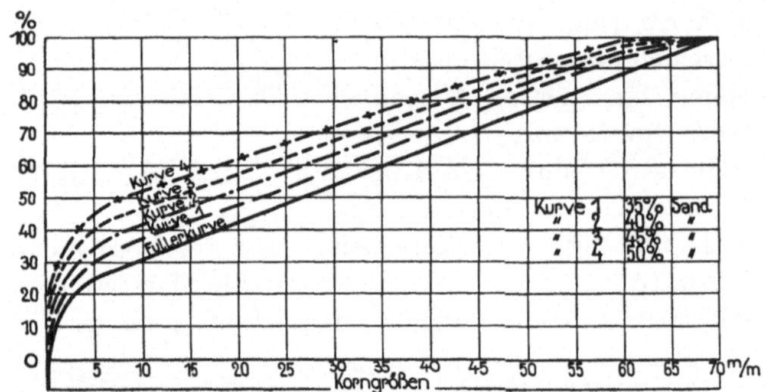

Abb. 17. Beziehung zwischen Sandgehalt, Wasserzementfaktor und Festigkeit. Siebkurven der untersuchten Kiessande.

der gröberen Bestandteile geringere Festigkeit und geringere Massen erzielt werden. Ohne vorherige Untersuchung sollte daher ein solcher Kiessand nicht zu Beton verwendet werden.

Aus den dargelegten Gründen dürfte eine getrennte Anlieferung von Sand und Kies sehr zweckmäßig sein. Ein Beispiel für die Zusammensetzung eines solchen getrennt angelieferten Zuschlagsmaterials von 0—70 mm Korngröße ist daher durch die Abb. 16 gegeben.

Der Sandgehalt, von dem bekanntlich in hohem Maße die Konsistenzbildung abhängt, beeinflußt stark die wirtschaftliche Seite der Betonherstellung. Höherer Sandgehalt benötigt zur

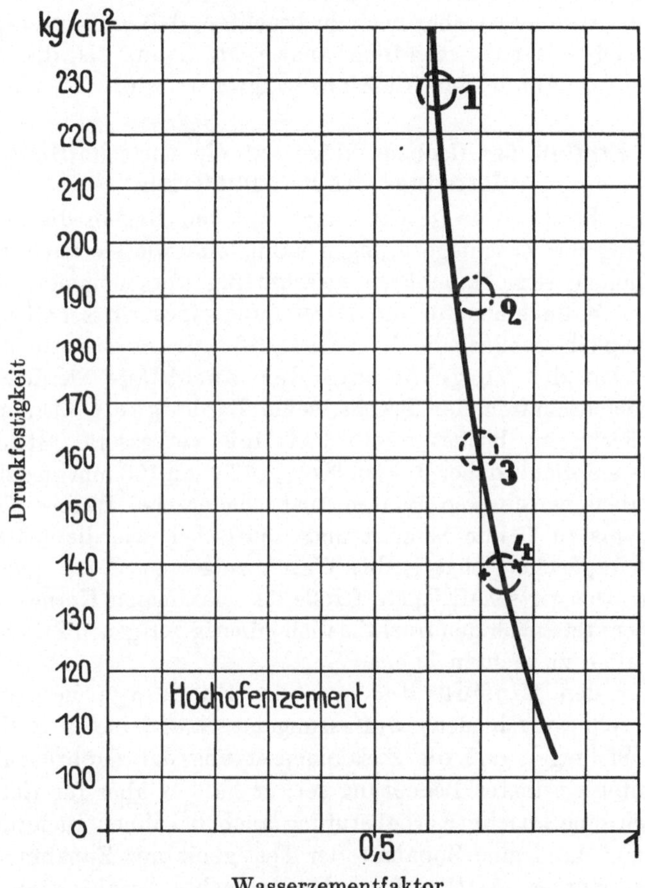

Abb. 18. Beziehung zwischen Sandgehalt, Wasserzementfaktor und Festigkeit.

Erreichung der erforderlichen Konsistenz meist einen hohen Wasserzusatz und damit zur Erzielung der notwendigen Festigkeit größere Mengen von dem teureren Zement.

Auf den Abb. 17 und 18 sind die Kornzusammensetzungen, die 28 Tagefestigkeiten mit dem zugehörigen W. Z. F. von 4 verschiedenen Kiessanden zueinander in Beziehung gebracht. Man erkennt deutlich, wie mit steigendem Sandgehalt von 35% auf 50%, der Wasserzementfaktor von 0,61 auf 0,73 anwächst und dementsprechend die Betonfestigkeit von 228 kg/cm² auf 138 kg/cm² absinkt. Hierbei ist aber noch zu beachten, daß ein Zuwenig an Sand sich insofern schädlich auswirken kann, als die Entmischungsgefahr in der Gießrinne vergrößert wird.

c) Einfluß der Grobzuschläge auf die wirtschaftliche Aufbereitung des Betonmaterials.

Vorstehend wurde gezeigt, nach welchen Regeln die Kornabstufung der Zuschläge erfolgen kann, und wie sie nach wirtschaftlichen Gesichtspunkten zweckmäßig vorgenommen wird. Bei den Maßnahmen für die Herstellung eines wirtschaftlichen Betons spielt aber auch die Wahl des Größtkornes eine erhebliche Rolle. Mit der Vergröberung der Zuschläge werden die Haupteigenschaften des Betons, seine Dichtigkeit aber auch seine Festigkeit höchst wirtschaftlich verbessert. Stadelmann[1] empfiehlt daher, bis zur Korngröße von 100 mm zu gehen. Wir haben bei unseren Bauten, insbesondere bei Wetter Korngrößen bis zu 75 mm benutzt und sind dabei, wie die späteren Kostenvergleiche Hengstey bis Wetter zeigen (s. S. 86), gut gefahren. Die wirtschaftlichste Größe des maximalen Kornes wird sich aber stets nach den frachtbaslich günstig gelegenen Zuschlagmaterialien zu richten haben.

Über den Einfluß der groben Zuschläge herrschten bisher sehr verschiedene Auffassungen. Graf[2] meint z. B. in seiner Siebregel, daß die Zusammensetzung der Grobzuschläge von untergeordneter Bedeutung sei; er hält es aber für richtig, dennoch eine gleiche Kornabstufung auch bei ihnen zu fordern. Abrams[3] fand eine Zunahme der Festigkeit mit Zunahme des größten Kornes. Gilkey[4] machte schlechte Erfahrungen mit

---

[1] Stadelmann: Gußbeton, Erfahrungen beim schweizerischen Talsperrenbau. Zürich: Hoch- und Tiefbau 1926.

[2] Graf: Der Aufbau des Mörtels und des Betons. Berlin 1927.

[3] Abrams u. Walker: Quantities of materials for concrete. Bulletin IX, 1921.

[4] Gilkey: The coarse aggregate in the concrete as a field for needed research. American concrete institute. 1927.

dem Zusatz von Grobzuschlägen und beobachtete eine Festigkeitsverminderung bei Zunahme der mittleren Korngröße. Alle diese Beobachtungen hatten aber unter einer gewissen Systemlosigkeit zu leiden, so daß der wirkliche Einfluß der Grobzuschläge, namentlich auch auf die Wirtschaftlichkeit eines Betons, bisher zu wenig bekannt war. Daher entschloß sich der Ruhrverband gemeinsam mit dem Institut für Beton und Eisenbeton der technischen Hochschule in Karlsruhe nachfolgende Untersuchungen anzustellen.

Um den Einfluß der Veränderungen der Grobzuschläge nach Mengenanteil und nach maximaler Korngröße zu untersuchen, wurden nach den Vorschlägen von Probst, Karlsruhe, Versuche mit Kiesbeton (Versuchsreihe A) und mit Schotterbeton (Versuchsreihe B) im Laboratorium Karlsruhe und auf den Baustellen des Ruhrverbandes durchgeführt. Dabei war dafür gesorgt, daß die Grundlagen für die Versuche an beiden Stellen dieselben waren. Die Konsistenzmessungen erfolgten entsprechend den Probstschen „Anregungen"[1] auf dem Fließtisch. Jede Mischung war so reichlich bemessen, daß aus ihr 6 Würfel von 20 cm Kantenlänge hergestellt werden konnten. Je 3 Würfel waren für die 28 Tage- und weitere 3 für die 90 Tageprüfung bestimmt. Der Beton wurde in Formen lagenweise und zwar in 3 Lagen, mit je 20 Stößen eines Rundeisenstabes von 20 mm ⌀ eingebracht; die Ausschalung erfolgte nach 24 Stunden. Die Würfel lagerten 7 Tage unter nassen Säcken und dann 3 Wochen trocken in einem Raum mit ähnlicher Temperatur und ähnlichen Feuchtigkeitsverhältnissen wie im Betonierraum. In Karlsruhe wurde mit plastischer, auf den Baustellen des Ruhrverbandes mit gießfähiger Konsistenz gearbeitet. Um aber den Anschluß zu erhalten, wurde die Serie *V* (s. weiter unten) an beiden Stellen sowohl als plastischer, wie als gießfähiger Beton untersucht. Die gleichzeitig vorzunehmenden Mörtelversuche erfolgten ausschließlich im Laboratorium Karlsruhe.

Als Zuschlagstoffe wurde Rheinsand von 0—5 mm und Rheinkies bzw. Basaltschotter aus dem Westerwald von 5—70 mm Korngröße verwandt. Die Kornzusammensetzung für die einzelnen Versuche waren durch entsprechende Vorversuche im Labora-

[1] Probst: Beton, Anregungen zur Verbesserung des Materials. Ein Ergänzungsheft zu „Vorlesungen über Eisenbeton". Berlin: Julius Springer 1927, S. 18.

torium Karlsruhe nach den in Abb. 19 aufgezeichneten Siebkurven festgelegt. Die Serien *I*, *II*, *III*, sowie *II a* und *III a* sind entsprechend der Fullerkurve regelmäßig abgestuft. Ihr Größtkorn 25, 50 bzw. 70 mm ⌀. Der Sandgehalt ist beim Kiesbeton 40%, nur bei den Serien *II* und *III* beträgt er 35%, beim Schotterbeton dagegen entsprechend 48% und 42%, während das Anteilverhältnis der einzelnen Kornstufen an der Gesamtmenge des Grobzuschlages dasselbe bleibt.

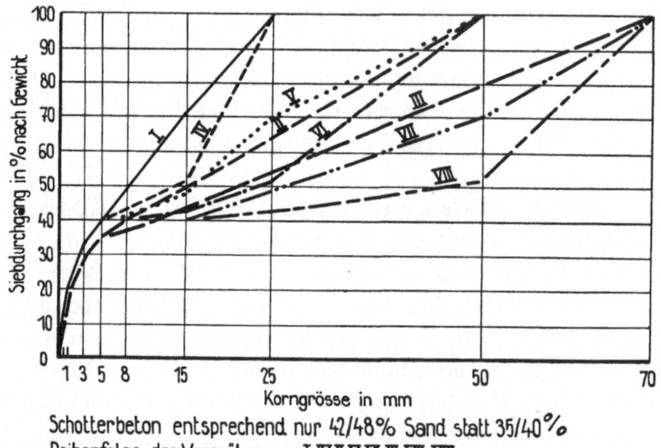

Abb. 19. Kornzusammensetzung des Zuschlagmaterials für die Untersuchung des Einflusses der Grobzuschläge.

Die anderen Serien *IV*—*VIII* haben den gleichen Sandgehalt wie Serie *I*, nämlich 40% bei Kiesbeton bzw. 48% bei Schotterbeton. Sie sind aber sonst von unregelmäßiger Körnung. Diese letzteren Serien zeichnen sich durch folgende Besonderheiten aus. Serie *IV* mit einem größten Korn von 25 mm besitzt wenig mittleres, dafür aber einen hohen Prozentsatz grobes Korn (15—25 mm) ähnlich den Serien *V*—*VIII*. Bei letzteren geht die Größe der verwendeten Zuschläge jedoch bis 50 bzw. 70 mm. Bei den Serien *V*—*VI* fehlt das Korn von 5—8 mm und bei den Serien *VII*—*VIII* das Korn von 5—15 mm ganz.

Für die Versuche wurde an beiden Stellen der gleiche Portlandzement und ein der Art und Kornzusammensetzung nach gleicher Sand bis 5 mm Korngröße verwendet. Das Mischungsverhältnis war ebenfalls konstant = 1:8 nach Gewichtsteilen, das entsprach 250 kg Zement für 1 m³ Beton.

Die Ergebnisse für die Versuchsreihe *A* und *B*, d. h. sowohl die 28 Tage- wie die 90 Tagefestigkeit der Serien *I*, *II*, *III* sowie *I*, *II a* und *III a*, letztere mit gleichem Sandgehalt, sind in den

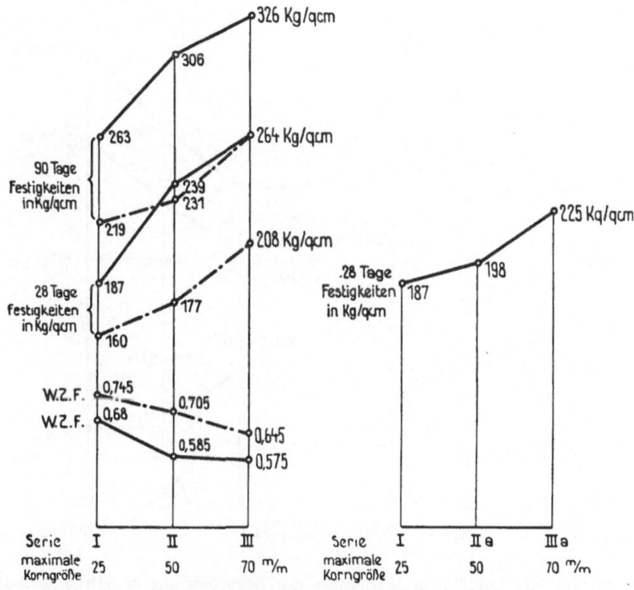

Abb. 20. Einfluß der maximalen Korngröße des Kieses auf die Druckfestigkeit des Betons. (Bei regelmäßiger Kornabstufung.)

Abb. 20 und 21 dargestellt. Darunter ferner der zugehörige Wasseranspruch für die einzelnen Mischungen.

Es zeigte sich bei der Vergrößerung des maximalen Kornes eine Steigerung der Druckfestigkeit sowohl für plastischen als auch für Gußbeton. Gleichzeitig wurde eine Verringerung des Wasseranspruchs zur Erzielung gleicher Konsistenz beobachtet. Dieser Unterschied trat beim Gußbeton deutlicher hervor als beim plastischen; je größer die verwendeten Grobzuschläge, desto größer, infolge Abnahme des Wasseranspruchs, die Druckfestigkeit und damit die Wirtschaftlichkeit.

Beachtet man ferner noch, daß bei Vergröberung der Zuschläge durch die Abnahme des gesamten Hohlraumgehalts der Sand-

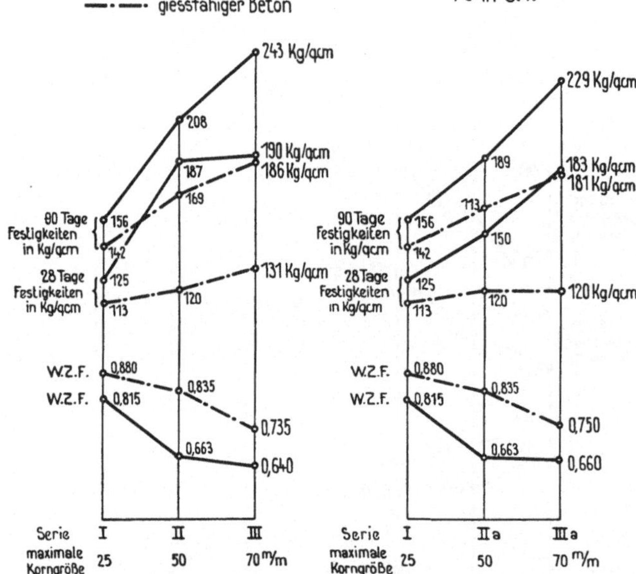

Abb. 21. Einfluß der maximalen Korngröße des Schotters auf die Druckfestigkeit des Betons. (Bei regelmäßiger Kornabstufung.)

anspruch zur Füllung der Hohlräume geringer wird (Serie *II* und *III* 5—6% geringere Sandbeigabe als Serie *I*), dann wirkt sich die Festigkeitserhöhung noch in viel stärkerem Maße aus.

Zur Klärung der weiteren Frage, wie sich die Serien *IV—VIII* mit vorwiegend grobem Korn und teilweise gänzlich fehlendem mittleren Korn gegenüber den regelmäßig abgestuften Mischungen *I*, *II* und *III* bzw. *I*, *II a* und *III a* verhalten, sind hauptsächlich die letzteren Serien *I*, *II a* und *III a* zum Vergleich heranzuziehen, wenigstens bei den Reihen zu denen die Serien *IIa* und *IIIa* hergestellt wurden. Diese Einschränkung ist deshalb notwendig, weil *IIa* und *IIIa* jeweils denselben Sandgehalt wie die Serien *IV* und *VIII* haben, während bei den Serien *II* und *III* ein Teil der hohen Festigkeit durch den verminderten Sandgehalt zu erklären ist.

Allgemein kann man sagen, daß die nicht regelmäßig abgestuften Serien *IV—VIII* überraschenderweise keine Festigkeitsverminderung gegenüber den entsprechend gut abgestuften Gruppen *I*, *IIa* und *IIIa* bzw. *I*, *II* und *III* aufweisen, so daß der Ersatz des mittleren Kornes durch ein gröberes Korn günstig sich auswirkt, was besonders bei der Reihe *B*, dem Schotterbeton sich zeigt. Lediglich bei den Kiesbetonserien *VII* und *VIII* ist davon eine Ausnahme festzustellen, die aber zum Teil darauf zurückzuführen ist, daß für die Kiesbetonreihe nur die Serien *II* und *III* zum Vergleich herangezogen werden können, sie aber infolge ihres geringeren Sandgehaltes den Serien *IV* und *VIII* an und für sich schon überlegen sind. Trotzdem scheinen die Ergebnisse darauf hinzuweisen, daß die Kornzusammensetzung der Grobzuschläge ohne wesentlichen Einfluß auf die Druckfestigkeit des Betons ist. Zu dem gleichen Ergebnis kommt Hummel[1], der ebenfalls mit unstetigem Verlauf der Korngröße gute Festigkeiten erzielte.

Anders liegt es aber, wenn man einen dichten Beton herstellen will, dann wird ein stetiger Verlauf der Körnung wie z. B. bei *I*, *IIa* und *IIIa* oder *II*, *III* stets das Richtige sein. Auch bei Gußbeton empfiehlt es sich, mit Rücksicht auf die Gefahr des Entmischens, einigermaßen regelmäßig abgestufte Grobzuschläge zu verwenden. Bezüglich der Korngröße der Grobzuschläge sei zusammenfassend noch einmal betont, daß möglichst große Zuschläge, etwa bis 50 oder 70 mm den doppelten Vorteil bieten, nämlich einmal Erhöhung der Festigkeit durch Verkleinerung des Wasseranspruchs und weiter Verringerung des Sandanspruchs und dadurch eine weitere Zunahme der Festigkeit gegenüber Betonmischungen mit kleinen Zuschlägen.

Der mit dem gleichen Wasserzementfaktor zu den verschiedenen Betonmischungen hergestellte Mörtel, der die gleiche

[1] Siehe Fußnote 2 S. 54.

Kiesbeton

Reihe A

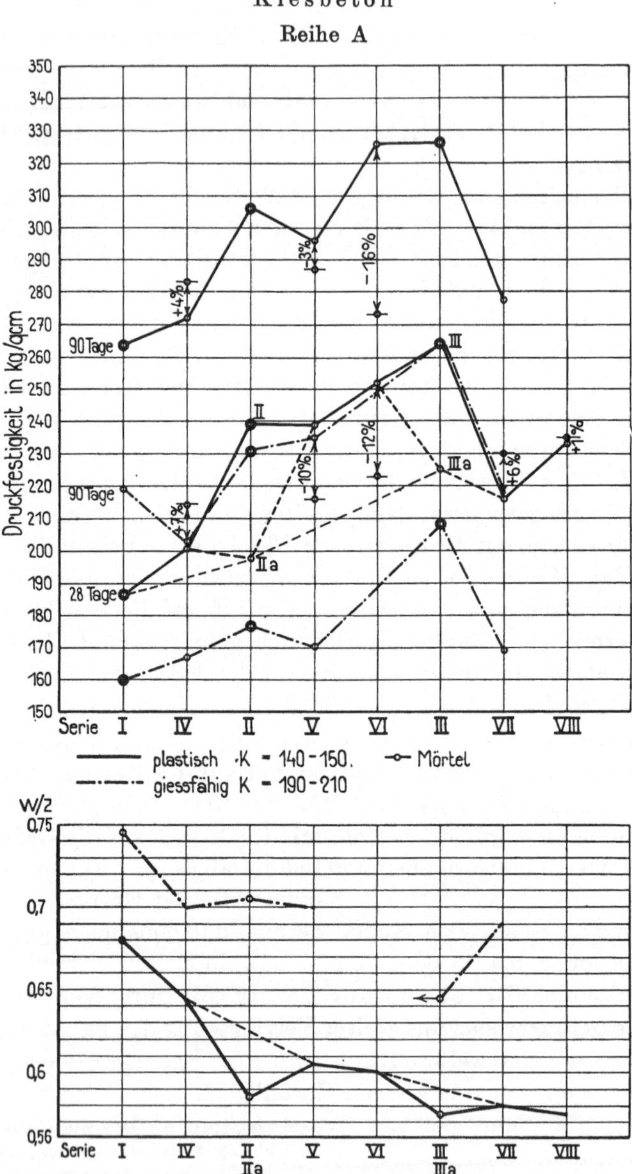

Abb. 22. Einfluß der maximalen Korngröße des Kieses auf die Druckfestigkeit des Betons, bei Verwendung von vorwiegend grobem Korn und unregelmäßiger Kornzusammensetzung

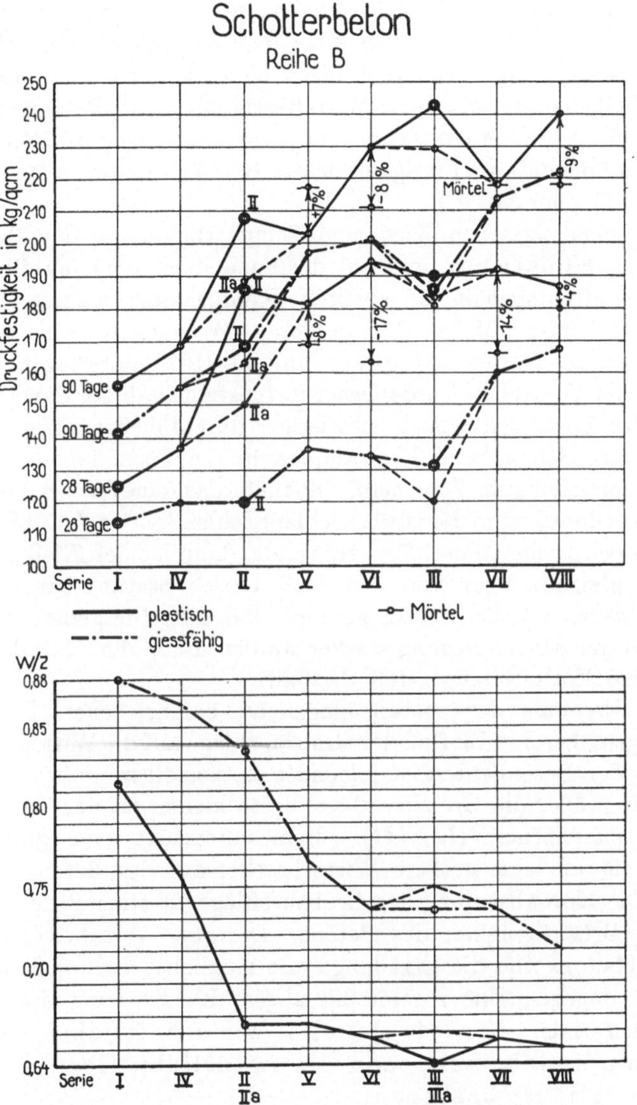

Abb. 23. Einfluß der maximalen Korngröße des Schotters auf die Druckfestigkeit des Betons bei Verwendung von vorwiegend grobem Korn und unregelmäßiger Kornzusammensetzung.

Zusammensetzung wie im Beton hatte, wies Festigkeitsschwankungen von —17 bis +7% gegenüber dem entsprechenden Beton auf. Hieraus ergibt sich, daß nicht ohne weiteres, wie einige Fachleute behaupteten, aus der Mörtelfestigkeit auf die Betonfestigkeit geschlossen werden kann. Im allgemeinen war die Betonfestigkeit höher als die Festigkeit des im Beton enthaltenen Mörtels (s. Abb. 22 und 23).

Vergleiche zwischen Kies- und Schotterbeton auf der Basis gleicher Konsistenz und auf der Basis eines dem jeweiligen Gesamthohlraumgehalt angepaßten Sandgehaltes zeigen, daß Schotterbeton infolge des größeren Wasseranspruchs dem Kiesbeton an Druckfestigkeit um 30—40% unterlegen ist.

Bei den Versuchen wurde ferner festgestellt, daß bei Schotterbeton der Fließtischversuch schwieriger durchführbar ist als bei Kiesbeton. Schon beim Einstampfen in die Form kommt das Wasser schneller zum Vorschein. Oft fließt das feine Material fort, besonders dann, wenn die Grobzuschläge fehlen (Serien *I* und *III*). Sind jedoch gröbere Zuschläge verwandt, dann ist der Fließtischkuchen gleichmäßiger und das Maß besser bestimmbar. Die Beobachtungen haben ferner gezeigt, daß man für gebrochenes Material die Rinnenneigung stärker wählen muß, ohne daß dabei etwa eine Entmischungsgefahr besteht.

Als Ergebnis der soeben eingehend beschriebenen Untersuchungen über den Einfluß der Grobzuschläge auf die Wirtschaftlichkeit der Betonbauten ist folgendes festzustellen.

1. Je größer die Grobzuschläge, desto kleiner ist der Wasser- und Sandanspruch (*II*, *III*). Dem entspricht eine größere Festigkeit und eine größere Wirtschaftlichkeit des Betons.

2. Die Kornabstufung der Grobzuschläge ist ohne Bedeutung für die Druckfestigkeit des Betons. Die gute Verarbeitbarkeit des Gußbetons und die Erzielung eines möglichst dichten Betons bedingt dagegen eine regelmäßig abgestufte Körnung des Zuschlagmaterials. Um die jeweils wirtschaftlichste Lösung zu finden, wird man die natürliche Kornabstufung möglichst benutzen.

3. Der Wasserzementfaktor wird wesentlich beeinflußt durch die Oberflächengestaltung der Grobzuschläge. Glatter Kies ist daher wirtschaftlich günstiger als rauher Schotter, vorausgesetzt, daß der erstere frachtbaslich zu günstigen Preisen zu haben ist.

Man erkennt, daß die Grobzuschläge, wenn sie preiswert zu haben sind, für die Herstellung von Beton von größter wirtschaftlicher Bedeutung sind. Durch ihre Verwendung lassen sich erhebliche Ersparnisse an teurem Zement erzielen. Die Versuche jedenfalls zeigen, welchen erheblichen Einfluß die Grobzuschläge auf die Betonbereitung und auf die wirtschaftliche Zusammensetzung des Betons ausüben.

Zu ähnlichen Ergebnissen gelangte auch Pfletschinger[1] auf Grund seiner Untersuchungen über den Einfluß der Grobzuschläge auf die Güte des Betons.

Wie die Kornzusammensetzung bedingt auch die Kornform in hohem Maße den Wasserzusatz zur Erzielung einer bestimmten Konsistenz. Die für die Wirtschaftlichkeit wesentliche Ausbeute des Materials wird also auch durch die Kornform der Zuschlagstoffe beinflußt. Feinsand, vor allem aber Brechsand erfordert viel Wasser, während Grobsand und sandarme Mischungen einen geringen Wasseranspruch haben. Es wurde aber schon darauf hingewiesen, daß ein Sandmangel zur Entmischung, besonders bei Gußbeton, führen kann. Vielfach wird noch darauf Wert gelegt, daß die Körnung scharfkantig ist. Bei Gußbeton ist jedoch Vorsicht geboten, wie die oben beschriebenen Versuche über den Einfluß der Grobzuschläge in der Reihe *B* ergeben. Allerdings wird Beton, der mit scharfkantigem Material zubereitet ist, im allgemeinen eine höhere Zugfestigkeit aufweisen als Beton mit glatten Zuschlagstoffen. Es liegt dies daran, daß die Haftfestigkeit des rauhen Steinmaterials größer ist.

Bezüglich der Kornform weist Probst[2] darauf hin, daß es erst durch die Anwendung der Konsistenzmessung möglich wurde, die Unterschiede zwischen Kiessand und gebrochenem Zuschlagmaterial kennen zu lernen. An zwei verschiedenen Arten von Beton wurde bei gleichbleibender Kornzusammensetzung die Kornform geändert. In dem einen Fall wurde Kiesbeton, in dem anderen Fall Schotterbeton verarbeitet. Die Frage der Kornform ist bei Gußbeton besonders zu beachten und deshalb wurde der Beton mit Hilfe der Gießrinne hergestellt. Mit Hilfe der Konsistenzprüfung, die in diesem Falle von besonderem Vorteil ist, wurde die

[1] Pfletschinger: Der Einfluß der Grobzuschläge auf die Güte von Beton. Zement 1929, H. 32 u. f.

[2] Probst: Siehe Fußnote S. 52.

für den gleichen Grad der Verarbeitbarkeit notwendige Konsistenzzahl ermittelt. Die Ergebnisse der Untersuchungen ließen bei Gußbeton aus Schotterzuschlägen einen sehr beträchtlichen Festigkeitsabfall gegenüber Kiesbeton der gleichen Konsistenz erkennen. Man sieht aus diesem Beispiel, daß bei Verarbeitung von Gußbeton aus gebrochenem Zuschlag Vorsicht angebracht ist. Der Wasseranspruch von rundlichen Zuschlägen ist für die gleiche Konsistenz geringer und es ist dementsprechend eine höhere Festigkeit zu erwarten.

d) Verbilligung der Herstellungskosten durch Aufbereitung des an Ort und Stelle gebaggerten Materials.

So richtig es ist, mit der Verwendung von Schotter und vor allem Brechsand, besonders auch mit Rücksicht auf die wirtschaftliche Betonbereitung, zurückhaltend zu sein, so kann eine Aufbereitung natürlicher Flußkiese oft von Vorteil sein. Wie günstig gebrochener Flußkies auf die Wirtschaftlichkeit der Betonbereitung sich auswirken kann, soll an Hand des Beispieles von Wetter gezeigt werden.

Oft ist man vor die Frage gestellt, ob das an Ort und Stelle vorhandene Kiessand- oder Steinmaterial nicht zur Betonbereitung herangezogen werden kann. In den seltensten Fällen wird es vorkommen, daß diese Verwendung ohne irgendeine Vorbehandlung erfolgen kann. Organische und lehmige Verschmutzungen machen die Zuschläge für den Beton unbrauchbar.

Organische Verschmutzungen werden aus dem Sand auch durch eine noch so gute Wäsche selten restlos zu beseitigen sein. Die Abramssche Reinheitsprobe für Betonsand dürfte allgemein bekannt sein[1], ihre Anwendung sollte allgemeine Verbreitung finden. Sie reicht in den meisten Fällen völlig aus und bietet eine genügende Sicherheit für die Untersuchung der Reinheit des Zuschlagmaterials. Auch gewaschenes Material muß auf diese Weise geprüft werden.

Lehm- und Tongehalt der Zuschlagstoffe macht diese nicht ohne weiteres unbrauchbar. Oft kann durch eine Kieswäsche

---

[1] Spetzler, Möhle: Die Baukontrolle beim Gußbeton. Berlin: Wilhelm Ernst u. Sohn 1928, S. 12 u. f.

hier wirksam nachgeholfen werden. Vor allem achte man darauf, daß Lehm und Ton nicht etwa die einzelnen Sandkörner und Kiesel völlig umschließen. Derartige Zuschlagstoffe sind unbedingt zu verwerfen, zumal auch dann die Wäsche meist zwecklos ist. Oft geht auch eine organische Verschmutzung mit dem Lehmgehalt Hand in Hand.

Beim Ruhrverband wurde an der oberen Ruhr bei Wetter gebaggerter Kies gebrochen und gewaschen und mit wirtschaftlichem Vorteil verwandt. Allerdings wurde der Sand unter 5 mm Korngröße völlig ausgeschieden, da er trotz der erfolgten Wäsche nicht immer einwandfrei war.

Der Kies wurde mit einem Schwimmbagger von etwa 20 m³ stündlicher Leistung der Ruhr entnommen und in Kiesschuten von 10 m³ Fassungsvermögen gebaggert. Diese Schuten wiesen in beladenem Zustand nur einen Tiefgang von 65 cm auf, was wegen der teilweise vorhandenen geringen Flußtiefe von Bedeutung war. Fünf solcher Schuten transportierten den gebaggerten Kies in kontinuierlichem Arbeitsgang zur Aufbereitungsanlage. Hier erfolgte die Entladung mit einem Greiferkran, der ein Fassungsvermögen von $\frac{3}{4}$ m³ hatte. Dieser Kran schüttete den Kies 13 m hoch in einen Aufgabesilo, von wo aus das Material gleichmäßig auf die Vorsiebtrommel gelangte. Diese Trommel besteht aus 2 Sieben von 10 mm bzw. 25 mm Lochweite, so daß hier das Kiesmaterial in die Korngrößen von 0—10, 10—25 und darüber getrennt wurde. Während der Kies nunmehr durch 2 Kiesbrecher geleitet wurde, kam der Sand direkt in die Wäsche. Der Kies von 10—25 mm Korngröße wurde in den Brechbacken mit 20 mm Spaltbreite und der Kies von über 25 mm in solchen mit etwa 50 mm Spaltbreite gebrochen. Kies und Sand trafen alsdann in der Waschanlage wieder zusammen. Diese allgemein bekannte Waschanlage wurde in unserem Falle noch dadurch ergänzt, daß ein sogenannter Schwerterteil vorgeschaltet war. Die an einer rotierenden Welle befestigten Schwerter (Rührarme) unterstützten den Scheuervorgang vorteilhaft. Der dem Waschgut zugesetzte Sand wurde dazu benutzt, um ebenfalls die Lehm- und Tonteile von den größeren Stücken abzuscheuern. Auf diese Weise war eine gute Wirkung der Waschanlage gewährleistet.

Zur Ermittlung der Brauchbarkeit wurden vor seiner Verwendung mit dem auf der Baustelle vorgefundenen Ruhrkies verschiedene Versuche durchgeführt. Bei diesen Versuchen diente jeweils Beton aus Rheinkiessand als Gütemaßstab (Reihen *M*).

Es wurde mit dem konstanten Mischungsverhältnis 1:8 nach G. T. gearbeitet. Als Bindemittel diente Eisenportlandzement von der Gutehoffnungshütte, Oberhausen. Die 20×20×20 cm großen Probewürfel wurden nach 28 Tagen abgedrückt.

Bezüglich der Art des verwendeten Zuschlagsmaterials und seiner Kornzusammensetzung zerfielen die Untersuchungen in die nachstehend genannten 4 Versuchsserien.

Serie A.

Um rasch ein Urteil über die Brauchbarkeit des Ruhrkieses zu erlangen, kam zunächst ungewaschener Ruhrkies zur Verwendung. Seine Kornzusammensetzung erfolgte unter Anpassung an das natürliche Vorkommen entsprechend den Kurven *II* und *V* der Abb. 19. Es wurden bei dieser Serie im ganzen 2 Reihen unter Verwendung von Ruhrkies hergestellt und zwar:

Reihe R mit natürlichem, d. h. ungebrochenem Ruhrkies von 8—50 mm. Hierbei wurde der Ruhrsand entsprechend seinem natürlichen Mengenverhältnis von 27% durch Rheinsand von 0—8 mm ersetzt.

Reihe Sp mit gebrochenem Ruhrkies von 8—50 mm, wobei wiederum der Ruhrsand mit 27% durch Rheinsand von 0—8 mm ersetzt wurde.

Diese 2 Reihen wurden der oben bereits erwähnten Vergleichsreihe M, die aus Rheinkiessand von 0—50 mm hergestellt war, gegenübergestellt. Die Indizes II bzw. V entsprechen den Kurven II und V der Abb. 19. Die 28-Tage Festigkeit, gemittelt aus je 3 Würfelproben, hatte das nachfolgende Ergebnis.

Zusammenstellung zu Serie A.

Rheinkiessand von 0—50 mm	Ruhrkies von 8—50 mm mit Rheinsand von 0—8 mm	Gebrochener Ruhrkies von 8—50 mm mit Rheinsand von 0—8 mm
M_{II} 201 kg/cm²	R_{II} 189 kg/cm²	Sp_{II} 209 kg/cm²
M_{V} 226 kg/cm²	R_{V} 182 kg/cm²	Sp_{V} 259 kg/cm²

Serie B.

Das günstige Ergebnis der Serie A gab Veranlassung zu eingehenderen Versuchen. Der vorgefundene Ruhrkies wurde zunächst auf seine Kornzusammensetzung untersucht. Diese Siebanalyse lieferte das in der Abb. 24 unter 1 aufgetragene Ergebnis.

Wie aus der Abb. 24 zu ersehen, enthält der Ruhrkiessand nur etwa 27% Sand von 0—8 mm. Da diese Sandmenge zur Herstel-

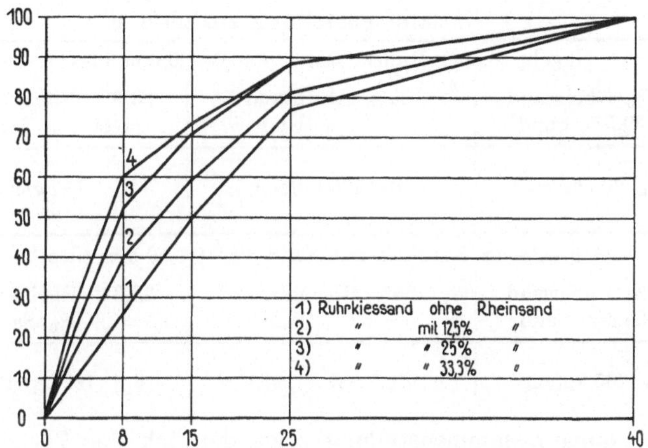

Abb. 24. Kornzusammensetzung des Ruhrkiessandes bei Wetter.

lung eines gut verarbeitbaren und dichten Betons zu gering ist, wurde für die Serie B dieser Sandanteil in der Weise erhöht, daß sowohl für ungebrochenen (Reihe R) als auch gebrochenen Ruhrkiessand (Reihe Sp) weitere Reihen mit verschiedenem Rheinsandzusatz hergestellt wurden.

Reihe R_a mit ungebrochenem Ruhrkies von 8—50 mm und 27% Ruhrsand von 0—8 mm, dem weiter 12,5% Rheinsand von 0—8 mm zugegeben wurden. Gesamtsandgehalt demnach 39,5%. (Kurve 2 in Abb. 24).

Reihe R_b Ruhrkies von 8—50 mm und 27% Ruhrsand von 0—8 mm, dem weitere 25% Rheinsand von 0—8 mm zugegeben wurden. Gesamtsandgehalt 52%. (Kurve 3 in Abb. 24.)

Reihe R_c mit ungebrochenem Ruhrkies von 8—50 mm und 27% Ruhrsand von 0—8 mm, dem weitere 33,3% Rheinsand von

0—8 mm zugegeben wurden. Gesamtsandgehalt 60,3% (Kurve 4 in Abb. 24).

Reihe Sp_a entspricht der Reihe R_a nur wurde mit gebrochenem Ruhrkies gearbeitet.

Reihe Sp_b desgl. entsprechend Reihe R_b.

Reihe Sp_c desgl. entsprechend Reihe R_c.

Die 28-Tage Festigkeiten gemittelt aus je 3 Würfelproben hatten bei dieser Serie das nachfolgende Ergebnis.

Zusammenstellung zu Serie B.

Ungebrochener Ruhrkiessand von 0—50 mm plus:		
12,5% Rheinsand = 39,5% Sand	25% Rheinsand = 52% Sand	33,3% Rheinsand = 60,3% Sand
R_a 205 kg/cm²	R_b 170 kg/cm²	R_c 175 kg/cm²

Gebrochener Ruhrkies mit Sand von 0—50 mm plus:		
12,5% Rheinsand = 39,5% Sand	25% Rheinsand = 52% Sand	33,3% Rheinsand = 60,3% Sand
Sp_a 235 kg/cm²	Sp_b 227 kg/cm²	Sp_c 192 kg/cm²

Die obige Zusammenstellung zeigt deutlich den Vorteil bei Verwendung von gebrochenem Kiesmaterial. Hierbei ist zu beachten, daß der Sand ungebrochen benutzt wurde, so daß die Nachteile des Brechsandes vermieden wurden. Des weiteren ergab sich, wie zu erwarten war, eine Festigkeitsabnahme mit zunehmendem Sandgehalt.

Serie C.

Zum Vergleich mit der vorhergehenden Serie B wurde bei dieser Versuchsserie der Ruhrsand und zwar in einer Korngröße von 0—5 mm fortgelassen und durch Rheinsand ersetzt. Der Rheinsandgehalt betrug 35%.

Die Untersuchungen erfolgten wiederum mit ungebrochenem Ruhrkies von 5—50 mm (Reihe R) und gebrochenem Ruhrkies von 5—50 mm (Reihe Sp). Die 28-Tage Festigkeiten gemittelt aus je 3 Würfelproben sind in der nachfolgenden Zusammenstellung eingetragen.

Zusammenstellung zu Serie C.

Ungebrochener Ruhrkies von 5—50 mm plus 35% Rheinsand von 0—5 mm	Gebrochener Ruhrkies von 5—50 mm plus 35% Rheinsand von 0—5 mm
R C_{II} 179 kg/cm²	Sp C_{II} 191 kg/cm²

Das Ergebnis dieser Versuchsserie deckt sich mit demjenigen der Reihen R_c bzw. Sp_c der Serie B, was bei Berücksichtigung

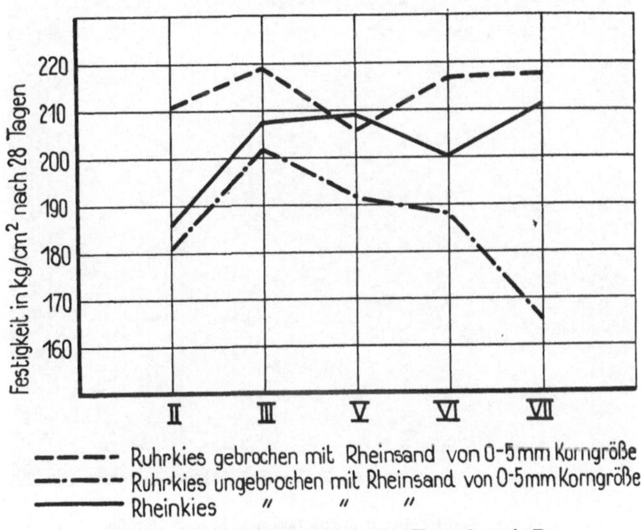

Abb. 25. Festigkeitsergebnisse der Versuchsserie D.

des gleichen Sandgehaltes in beiden Fällen zu erwarten war. Auch diese Serie beweist den Vorteil der Verwendung gebrochenen Flußkieses.

Serie D.

Nachdem die Vorversuche der Serien A—C erwiesen haben, daß man Ruhrkies mit wirtschaftlichem Vorteil ohne Bedenken verwenden kann, wurde zum Abschluß noch diese Versuchsreihe durchgeführt.

Die Reihe D wurde umfassender als die bisherigen ausgebaut. Sie sollte nunmehr über die geeignete Verwendung des Ruhrkieses, insbesondere über seine günstigste Kornzusammensetzung entsprechend den Kurven *II*, *V*, *VI* bzw. *III* und *VII* der Abb. 19 Aufschluß geben. Nach den Erfahrungen der Vorversuche nach Serie A—C wurde der Ruhrsand in einer Korngröße von 0—5 mm durch Rheinsand ersetzt.

Der Ruhrkies wurde in Korngrößen von 5—50 mm (Kurve *II*, *V*, *VI*) bzw. 5—70 mm (Kurve *III* und *VII*), vgl. Abb. 19 verwendet. Zum Vergleich wurde wiederum die Reihe M unter Verwendung von Rheinkiessand herangezogen. Die 28-Tage Festig-

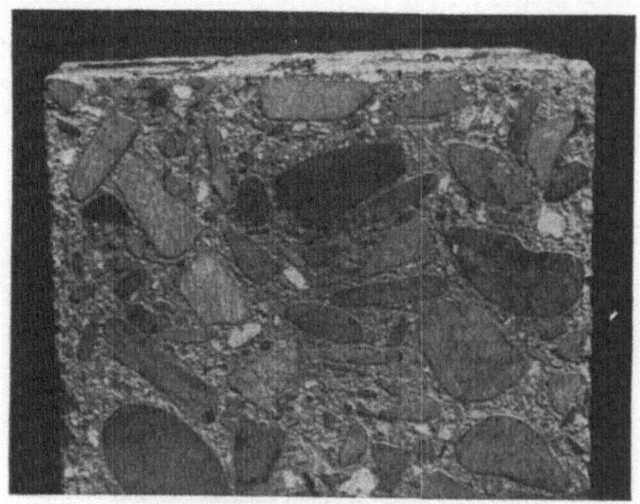

Abb. 26. Schliff des Ruhrkiesbetons. ½ nat. Größe.

keiten, gemittelt aus je 3 Würfelproben hatten bei dieser Serie das in der Abb. 25 aufgetragene Ergebnis.

Hiernach ist der Beton aus gebrochenem Ruhrflußkies mit Rheinsand, dem Beton aus ungebrochenem Rheinkiessand sowohl wirtschaftlich als auch der Festigkeit nach überlegen.

Bei den Wasserkraftbauten in Wetter wurde daher gebrochener Ruhrkies nach Kurve *III* (Abb. 19) gewaschen mit Rheinsand mit bestem Erfolg verwandt. Abb. 26 zeigt einen Schliff des Ruhrkiesbetons von Wetter.

Man erkennt deutlich die grobe Körnung der Serie III, sowie das gebrochene Steinmaterial.

Die Abb. 27 zeigt den Aufbau der Kiesaufbereitungsanlage, wie sie in Wetter Anwendung fand.

Die durch die Benutzung des vorhandenen Flußkieses erzielte Ersparnis war erheblich, um so mehr, da die Baustelle für den Antransport von Rheinkies frachtbaslich ungünstig lag:

1. Wurde das Material verwandt, das an sich schon für die Unterwasserregulierung gebaggert werden mußte und dessen anderweitige Unterbringung mit hohen Kosten verbunden gewesen wäre;

2. Wurden je Kubikmeter etwa 2,— RM. gegenüber Rheinkies gespart.

In den weiter unten aufgestellten Kostenvergleichen erkennt man deutlich den Vorteil dieser Maßnahme für die Betonbereitung der Baustelle Wetter (s. S. 86).

Wirtschaftlichkeitsberechnung für die Ruhrkiesgewinnung in Wetter.

Ausgaben.

1. Anlagewert.	
a) Aufbereitungsanlage nebst Kran (gemäß Abb. 27)	82 650,— RM.
b) Schwimmbagger, Motorboote und Schuten . .	44 430,— „
	127 080,— RM.
2. Betriebskosten.	
a) Zinsen	11 844,— RM.
b) Abschreibung ~ 30% der Anlagewerte	38 124,— „
c) Aufbaukosten	18 085,— „
d) Abbaukosten	10 000,— „
e) Betriebskosten (Löhne und Betriebsmaterialien)	185 404,— „
f) Verwaltungskosten	789,— „
	264 246,— RM.

Einnahmen.

1.	39 469,50 m³	Baggerarbeit für die Unterwasserregulierung 1,— RM./m³ . . .	39 469,50 RM.
2. a)	669,50 m³	ungewaschenen Kies für Pflasterzwecke je 4,— RM./m³	2 678,— „
b)	8 850 m³	Kies und Sand für die Filter der Anreicherungsgräben für das Barmer Wasserwerk je 7,— RM./m³	61 950,— „
c)	26 460 m³	Kies 6,05 RM./m³	160 148,50 „
	75 449,00 m³ *		264 246,00 RM.

* Bei dieser Aufstellung sind in der Pos. 2 c weitere rd. 4000 m³ Sand nicht in Ansatz gebracht. Der Ruhrverband benutzt diesen Sand z. B. als Pflastersand.

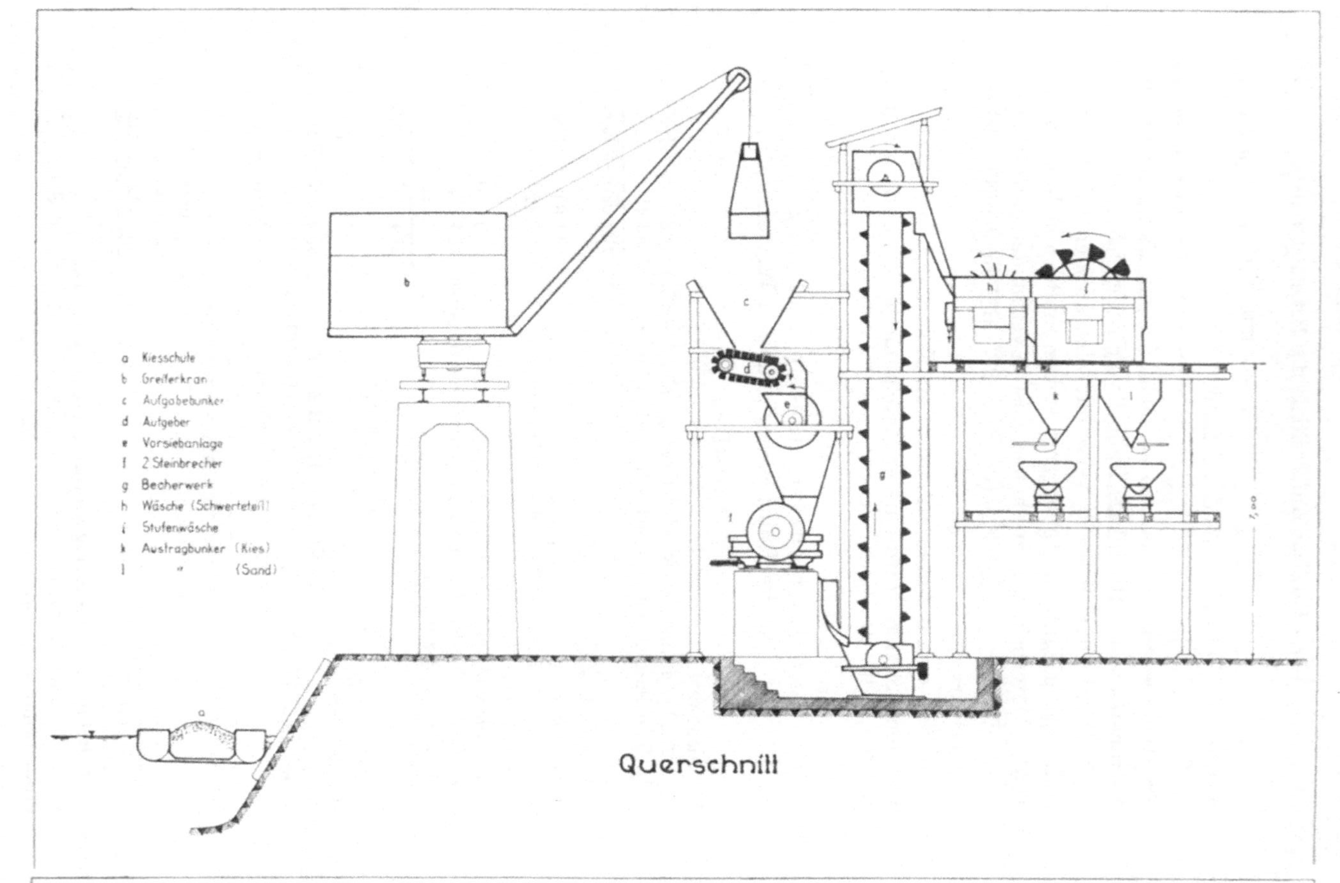

Querschnitt

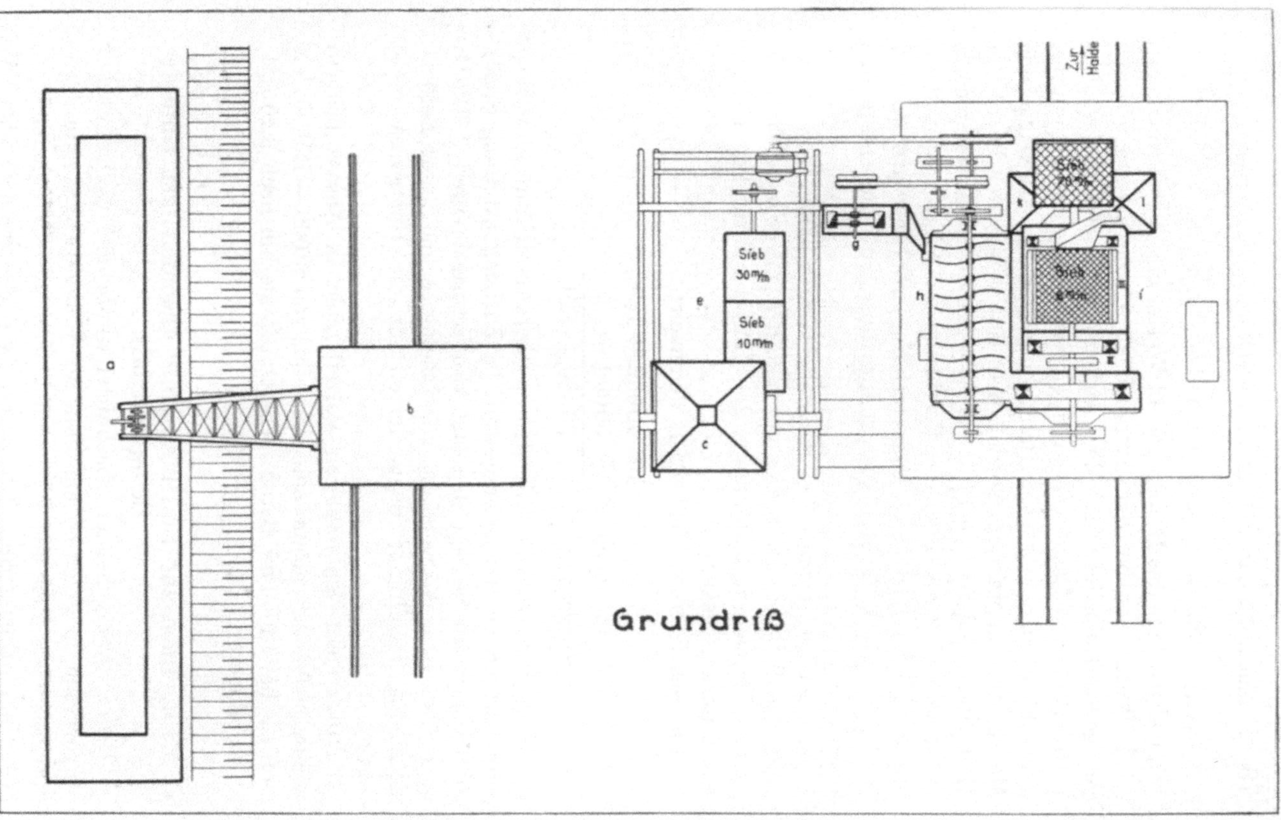

Abb. 27. Kiesaufbereitungsanlage Wetter.

Aus der obigen Wirtschaftlichkeitsberechnung für die Aufbereitungsanlage des Ruhrkieses in Wetter ergibt sich folgendes:

1. Würde der bei der notwendigen Unterwasserregulierung gebaggerte Ruhrkies nach seiner Aufbereitung nicht als Zuschlagmaterial für den Beton verwandt, so hätte er anderweitig untergebracht werden müssen. Hierdurch wären für die Baggerung Mehrkosten entstanden, so daß man mit dem unter Pos. 1 der Einnahmen eingesetzten Preis von 1,— RM. je Kubikmeter nicht ausgekommen wäre. Nach den Erfahrungen in Wetter wären dann mindestens 2,— RM. je Kubikmeter erforderlich gewesen, so daß rund 40000,— RM. Mehrkosten für diese Position entstanden wären;

2. Rheinkies kostete frei Baustelle Wetter 8,05 RM/m^3, während gemäß Pos. 2c Ruhrkies nur 6,05 RM./m^3 gekostet hat. Es werden demnach je Kubikmeter 2,— RM. durch die Verwendung von Ruhrkies gespart.

Die Gesamtersparnis beträgt demnach:

	1. rd.	40000,— RM.
und nach	2. rd.	50000,— ,,
insgesamt		90000,— RM.

Im ganzen wurden mit dem aufbereiteten Ruhrkies rund 16000 m^3 fertiger Beton hergestellt (s. Zusammenstellung S. 86). Je Kubikmeter beträgt demnach die Ersparnis rund 5,60 RM. gegenüber einer Verwendung von Rheinkies und unter Berücksichtigung verbilligter Baggerkosten für die Unterwasserregulierung.

Würde man den letzteren Vorteil nicht in Ansatz bringen wollen, so wäre insgesamt eine Ersparnis von 50000,— RM. erzielt worden, bei 16000 m^3 Beton, demnach immerhin noch 3,10 RM. je Kubikmeter.

e) Maßnahmen zur Erzielung einer gleichmäßigen Güte des Betonmaterials.

In den vorhergehenden Abschnitten wurde schon vielfach darauf hingewiesen, in welch hohem Maße der Wasserzusatz die Güte und besonders auch die Wirtschaftlichkeit der Betonherstellung beeinflußt. Eine geringe Erhöhung des Wasserzusatzes über das zur Erreichung einer bestimmten Konsistenz notwendige Maß hinaus, setzt die Festigkeit des Betons in erheblichem Umfange herab. Beispielsweise kann ein um 25% zu hoher Wassergehalt die Festigkeit des Betons bis auf die Hälfte derjenigen verringern, die mit normalem Wassergehalt erreicht wird. Allzu großer Wassergehalt im Beton führt außerdem zu Schlammbildungen, da das überschüssige Wasser sich auf der Oberfläche des Betons absetzt und sich mit den feinen Zementteilchen mischt, die nach der Verarbeitung nach oben geschwemmt werden. Es entsteht so eine Schicht Zementschlamm, die den innigen Verbund behindert und vor allem Undichtigkeiten in den Arbeitsfugen schafft. Dieses muß aber bei Wasserbauten möglichst vermieden werden.

Man muß daher stets den Grundsatz im Auge behalten, dem Beton nicht mehr Wasser zuzusetzen, als für seine Verarbeitung unbedingt notwendig ist, weil sonst nicht nur Elastizität und Festigkeit, sondern auch die Wasserdichtigkeit ungünstig beeinflußt werden.

Bei Gußbeton ist dieses Maß schon reichlich hoch bemessen, da man das Wasser als Transportmittel in den Rinnen braucht. Hier ist es also noch zwingender, den Wasserbedarf so gering wie nur möglich zu halten.

Was beeinflußt nun die Größe des Wasseranspruches? Probst hat gefunden, daß in der Hauptsache die Beschaffenheit und Abstufung des Zuschlagmaterials die Konsistenz des Betons und damit auch den Wasserzementfaktor beeinflußt. Eine Änderung der Körnung wird bei gleicher Konsistenz des Betons eine Änderung des Wasserzementfaktors und zugleich der Festigkeit herbeiführen. Sandreiche oder scharfkantige, gebrochene Zuschlagstoffe erfordern mehr Wasser als rundliches Zuschlagmaterial oder richtig abgestufter Sand. Dementsprechend werden bei gleichbleibender Zementmenge unter diesen Umständen die notwendigen Anmachwassermengen größer werden, der Wasserzementfaktor wird gleichfalls wachsen, und die Festigkeit damit verringert werden. Ferner ist zu beachten, daß ein allzu großer Feinsandgehalt nicht nur mehr Wasser, sondern auch mehr Verkittungsmaterial braucht.

In der Konsistenzprüfung hat man ein gutes Mittel den Wasserzementfaktor bei jedem Bauwerk den wechselnden Zusammensetzungen des Zuschlagmaterials anzupassen und die Gleichmäßigkeit des zu verarbeitenden Betons zu gewährleisten.

Bei der Verarbeitung von Beton wird nur selten berücksichtigt, daß der Sand selbst an trockenen Tagen je nach den Lagerungsbedingungen Wasser bis zu 6 und mehr Gewichtsprozenten enthalten kann. Außerdem wird die für das Betongefüge so schädliche Klumpenbildung des Sandes durch die Eigenfeuchtigkeit gefördert. Die an der Baustelle unter diesen Umständen in ein Meßgefäß eingefüllte Sandmenge entspricht daher nicht dem an-

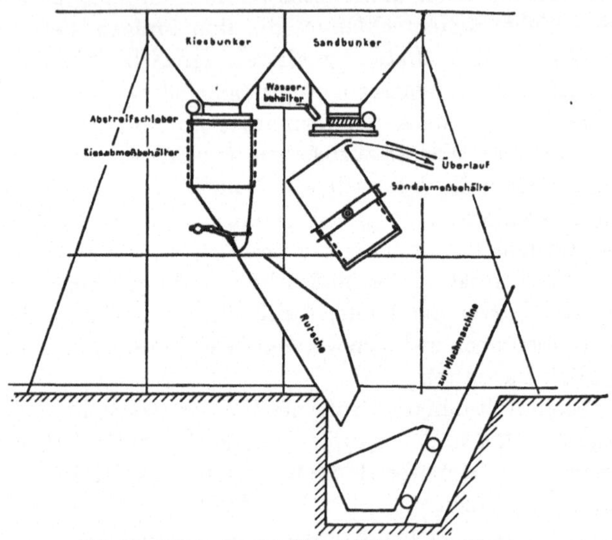

Abb. 28. Anlage für das Wassersättigungsverfahren.

genommenen Mischungsverhältnis und vermehrt den Wasserzusatz. Eine weitere Folge ist die Verminderung der Festigkeit des Betons.

Diese Ungleichmäßigkeiten wirken sich besonders stark im Sommer aus, wenn Sand und Kiesmaterial dauernd im Freien lagern und so vom Regen durchnäßt oder durch Wind oder Sonnenstrahlen übermäßig ausgetrocknet werden.

Um den richtigen und gleichmäßigen Wasserzusatz sicherzustellen, könnte man den Sand vor seiner Verwendung zunächst trocknen. Dieses Verfahren wäre aber infolge der hohen Kosten höchst unwirtschaftlich.

Wirtschaftlich dagegen ist die von Amerika überkommene Wassersättigungsmethode, die darauf abzielt, die Schwankungen des Wassergehaltes des Sandes auszuschalten. Der Sand wird bei dieser Methode vor seiner Verwendung zur Betonbereitung völlig mit Wasser gesättigt und so der Wasserzusatz gleichmäßig gehalten. Gleichzeitig kann hierdurch die Klumpenbildung verhindert werden.

Die anfänglich geäußerten Bedenken, sofort mit der Naßmischung zu beginnen, haben sich durch zahlreiche Versuche als unbegründet erwiesen.

Abb. 28 zeigt eine beim Ruhrverband mit Erfolg angewandte derartige Anlage. Durch diese Einrichtung, die mit einer automatischen Zement- und Traßwaage in Verbindung steht, wird eine vollständig automatische Regelung der Zusammensetzung des Betons erreicht. Hieraus ergibt sich zwangläufig eine Gleichmäßigkeit des Materials.

Den geringen Anschaffungskosten von 4000.— RM. für einen 750 l Mischer, steht ein großer wirtschaftlicher Erfolg gegenüber, der sich ebenfalls aus dem Kostenvergleich zwischen den Bauten Hengstey-Herdecke und Wetter ersehen läßt.

Die Wassersättigungsmethode ist besonders wertvoll, wenn die Betonarbeiten sich über das ganze Jahr erstrecken. Auf diese Weise war es z. B. in Wetter möglich, einen dauernd gleichmäßigen Beton zu erhalten, der eine bestimmte, vorher festgelegte, Mindestfestigkeit niemals unterschreitet.

Ein derartig hergestellter Beton stellt dann bei Verwendung des an Ort und Stelle gewonnenen Kiessandmaterials die wirtschaftlich günstigste Betonmischung dar.

2. Einfluß der Verarbeitung auf die wirtschaftliche Herstellung von Kraftwerksbauten.

Zum Einbringen der oft recht erheblichen Betonmassen wird heute vorzugsweise das Gießverfahren angewendet, das bekanntlich große wirtschaftliche Vorteile gegenüber den anderen Methoden besitzt. Hierbei ist aber der Behandlung und Anordnung der notwendig werdenden Arbeitsfugen besondere Aufmerksamkeit zu schenken. Man wird die Einteilung in einzelne Arbeitsabschnitte so vornehmen, daß die Gußfugen sich in keiner Weise schädlich auswirken können, ferner wird man dieselben mittels besonderer

Eiseneinlagen und Verzahnungen nach Möglichkeit rißsicher ausbilden.

Beim Gußbetonverfahren erzielt man Leistungen, die mit erdfeuchtem oder schwach plastischem Beton nicht zu erreichen sind. Darin liegt der große wirtschaftliche Vorteil dieses Verfahrens. Durchschnittsleistungen von 200—250 m^3 in 10 Stunden, verlängerte Arbeitsschicht, sind besonders bei großen Baumassen ohne weiteres möglich.

Die Fließfähigkeit des Flußbetons gestattet die Verwendung neuer leistungsfähiger Förderverfahren, so daß bei großer Leistung wesentlich geringere Kosten entstehen. Da die teure Stampfarbeit fortfällt, wird ebenfalls die Leistung erhöht, während die Herstellungskosten verringert werden.

Agatz[1] vergleicht unter Annahme gleicher Leistungen den Aufwand an Lohnkosten für Materialanfuhr, Mischen, Befördern, Verteilen und Einbau des Betons. Er kommt hierbei für Stampfbeton zu 4,2 h/m^3 und für Gußbeton zu nur 2,5 h/m^3.

Natürlich sind nicht nur die Lohnkosten von Bedeutung bei der Ermittlung der wirtschaftlichsten Bauweise, sondern auch die Kosten für die Einrichtung zur Herstellung des Betons. Diese richten sich aber sehr wesentlich nach der Art und Form des Bauwerkes, vor allem auch nach den Baumassen, die z. B. bei den Kraftwerksbauten oft recht beträchtlich sind. Im allgemeinen wird die Einrichtung einer Gußbetonbaustelle teurer sein, als die Einrichtung einer solchen für Stampfbeton. Diese Mehrkosten sind aber bei den meist großen Betonmassen geringfügig gegenüber den sonstigen wirtschaftlichen Vorteilen, die nicht zuletzt in der schnellen Herstellungsmöglichkeit liegen.

Bei Beginn eines Baues müssen die Einzelheiten der Bauausführung genau durchdacht sein; eine Überlegung, die nicht nur der Bauunternehmer, sondern auch der Bauherr anstellen muß, wenn er das wirtschaftlichste und günstigste Angebot ermitteln will, das durchaus nicht immer das in der Endsumme niedrigste zu sein braucht.

Die Art der Einbringung des Betons in das Bauwerk sollte ebenfalls nach wirtschaftlichen Überlegungen erfolgen. Sie wird ja nach Lage der Baustelle, nach Form und Konstruktion

[1] Agatz: Das Gußbetonverfahren. Bauingenieur **1923**, H. 9.

des Bauwerks verschieden sein. Man sollte aber immer bestrebt sein, mit so wenig Wasser als nur möglich auszukommen. Schon beim Prüfen der Angebote muß größte Aufmerksamkeit auf die in Aussicht genommene Betonbeförderung gelegt werden, da hiervon nicht selten die wirtschaftliche Herstellung des Bauwerks mit abhängt. Diejenige Baustelleneinrichtung wird schließlich die richtige und wirtschaftlichste sein, die dem Gelände und Bauvorhaben angepaßt, billigen und guten Beton liefert.

Ein aus Schweden übernommenes Verfahren, Gußbeton unter Wasser herzustellen[1], hat sich neuerdings auch in Deutschland bewährt. Dieses Verfahren wurde z. B. beim Bau einer Ufermauer für die Fordsche Fabrik und für die Ausmündung eines Abwasserkanals in den Rhein, beides bei Köln, angewandt. Bei diesem Verfahren wird Beton durch ein nur im lotrechten Sinne bewegtes Rohr gegossen. Das untere Rohrende steckt stets in dem noch weichen bereits gegossenen Beton. Der Beton muß in einem ununterbrochenen Gußbetrieb durch das Rohr eingebracht werden. Bei genügender Tiefe des Rohres im frischgegossenen Beton (0,5—1 m) tritt kein Wasser in das Gießrohr ein. Das Rohr wird mit dem Fortschreiten des Gießprozesses allmählich senkrecht gehoben. Wie vorsichtig man aber mit der Einbringung des Betons unter Wasser sein muß, lehrt das Gartzer Brückenunglück[2].

Eine neuere Betonierungsart ist der Pumpenbeton[3]. Aus dem an geeigneter Stelle aufgestellten Mischer wird weicher Beton in den Aufnahmetrichter der danebenstehenden Betonpumpe, System Giese-Hell, gebracht. Diese Pumpe besteht aus einem stehenden Zylinder mit gedichtetem Kolben und einem Ausgleichbehälter, von dem der Beton der Rohrleitung gleichmäßig zufließt. Auf diese Weise kann der Beton mindestens 100 m weit und bis 40 m hoch befördert werden. Die Konsistenz des Pumpenbetons liegt zwischen Guß- und plastischem Beton. Der Kraftbedarf ist je nach der Fördermenge und -höhe 5—20 PS. Die eiserne Rohrleitung wird aus graden Stücken von 2 m Länge und den notwendigen Krümmern zusammengesetzt. Um das letzte Ende von 10—20 m genügend beweglich zu machen, wählt man hier Gummischläuche als Zwischenstücke. Bisher hat man mit Zuschlagstoffen bis zu 40 mm Korngröße keine Schwierigkeiten gehabt. Es wird sich auch hier noch eine Vervollkommnung erzielen lassen.

Die Betonpumpe wurde von der Firma Max Giese, Kiel, zuerst verwendet und zwar beim Bau des Deutschen Hauses in Flensburg. Sie eignet sich besonders für enge Eisenbetonquerschnitte. Die Stundenleistung betrug da etwa 10 m³. Sie wird sich aber steigern lassen. Der Vorteil dieser Me-

[1] Betong-Medelelangen fram Svenska Betonvereningen **1921,** H. 2 und **1922,** H. 2. — Trier: Die Verwendung von Unterwassergußbeton in Schweden, Bautechnik **1930,** H. 8/10.

[2] Nakonz: Unterwasser-Schüttbeton. Bautechnik **1930,** H. 3.

[3] Heidorn: Die Betonpumpe, eine neue Betonzubereitungsart. Bauingenieur **1930,** H. 22.

thode ist ein wirtschaftlicher Betontransport, sowie ein sicherer Einbau auch in die engsten Schalungen. Schließlich ist hiermit ein nur geringer Aufwand an Bedienungs- und Gerätekosten verbunden. Nach den Flensburger Erfahrungen sollen durch den Pumpenbetrieb weitere Steigerungen der Betonfestigkeiten um etwa 10% zu erzielen sein. Ferner berichtet man, daß der gepumpte Beton sehr gleichmäßig war und mit verhältnismäßig wenig Wasser hergestellt werden konnte.

Die richtige Behandlung des Betons nach seiner Fertigstellung ist schließlich eine weitere wesentliche Maßnahme für seine Dichtigkeit. Wo es irgend möglich ist, schütze man den Beton durch baldiges Überschütten mit Bodenmassen. Hiermit haben wir jedenfalls gute Erfahrungen gemacht[1]. Die Festigkeitssteigerung beträgt dann bis zu 30% gegenüber ungeschütztem jungen Beton. Anderenfalls ist eine kräftige Berieselung, namentlich im Sommer notwendig. Am besten sieht man eine solche bereits im Entwurf vor. Durch derartige Maßnahmen wird die Festigkeit des Betons gesteigert, sie sind also durchaus wirtschaftlich, denn je schneller der Beton seine volle Festigkeit erreicht, desto früher kann das Bauwerk in Betrieb genommen werden.

IV. Einfluß der geschilderten Maßnahmen auf die Ausbaukosten niederer Gefälle.

Es wurde der Anteil der Konstruktion und des Materials an dem wirtschaftlichen Ausbau niederer Gefälle behandelt und hierbei wiederholt auf die verschiedenen Maßnahmen hingewiesen, mit denen eine Verbilligung der Baukosten der Ruhrkraftwerke Hengstey, Herdecke und Wetter erreicht worden ist.

An Hand einer eingehenden Massen- und Kostenzusammenstellung dieser 3 Kraftwerke wird nunmehr der Einfluß der oben geschilderten Maßnahmen auf die Ausbaukosten dieser Werke gezeigt.

Während das Krafthaus Hengstey als erstes der drei genannten Werke in den Jahren 1926/27 in der bisher allgemein üblichen Bauweise hergestellt wurde, sind die nachfolgenden Laufwerke Herdecke und Wetter in den Jahren 1929 und 1930 unter Berücksich-

[1] Spetzler: Reinhaltung der unteren Ruhr. Zentralblatt der Bauverwaltung **1927**.

tigung konstruktiver Maßnahmen zur Verbilligung ihrer Baukosten errichtet worden.

Die bei dem Bau der Anlage Hengstey seinerzeit gemachten Erfahrungen, sowohl in der Konstruktion als auch in der Materialherstellung konnten, bei der späteren Errichtung der beiden weiteren Kraftwerke, in vorteilhafter Weise ausgenutzt werden. So konnten hierbei durch die bereits erwähnte neue Bauart der Krafthäuser erhebliche Ersparnisse erzielt werden.

Bei Wetter kam hierzu noch die Verbilligung der Betonkosten durch eine wirtschaftliche Aufbereitung und Zusammensetzung des an Ort und Stelle gewonnenen Kiesmaterials.

In der nachfolgenden Zusammenstellung sind unter Betonkosten jeweils die Kosten für den eben fertig eingebauten Beton verstanden, während in den Materialkosten nur die Kosten der zum Einbau kommenden Rohstoffe, wie Zement, Kiessand, Eisen usw. enthalten sind.

Sowohl die Gesamtkosten wie die Kosten einzelner Bauelemente der Laufwerke Hengstey, Herdecke und Wetter lassen sich gut miteinander vergleichen, weil diese Anlagen innerhalb kurzer Entfernungen unmittelbar hintereinander in der Ruhr errichtet sind und weil ihre Ausbaugröße ungefähr gleich ist. Allerdings besteht ein Unterschied im Gefälle, der besonders in Wetter die Ausbaukosten auf die Kilowatt berechnet günstig beeinflußt. Im übrigen war es ohne weiteres möglich, für den Kostenvergleich eine gemeinsame Lohn- und Materialpreisbasis zu finden.

Schon auf S. 34 wurde die Ersparnis von Herdecke und Wetter gegenüber Hengstey erwähnt. Während das erzeugte Kilowatt in Hengstey noch 1000 RM. Baukosten erforderte, waren in Herdecke 730 RM. und in Wetter nur noch 480 RM. notwendig.

Bei der Beurteilung der Kosten ist zu berücksichtigen, daß schon in Hengstey eine wirtschaftliche Verbesserung des Kiessandmaterials durch Splittzusatz bzw. durch die Vergröberung der Zuschläge erfolgte (vgl. Abb. 14—16). Hierdurch konnte bereits an teuerem Zement gespart werden.

In Herdecke mußte aus besonderen Gründen die Kiessandlieferung dem Unternehmer mit übertragen werden. Interessant ist es nun aus der nachfolgenden Zusammenstellung zu ersehen, daß augenscheinlich infolge dieser Maßnahme eine Erhöhung der Materialkosten entstanden ist. Die Erklärung hierfür liegt darin,

Lfd. Nr.	Position		Hengstey	Herdecke	Wetter
A.	**Krafthausunterbau:**				
	Baujahr		1926/27	1929	1929/30
	Ausbaugröße . . .	m^3/sec	90,0	105,0	105,0
	Mittl. Gefälle. . .	m	4,5	3,0	7,0
	Ausgebaute Kilowatt		3000,0	2730,0	5400,0
	Länge d. Krafthauses	m	29,9	47,1	32,4
	Umbauter Raum . .	m^3	7967,5	9355,2	6518,7
	Querschnittsfläche .	m^2	266,47	198,2	201,2
I.	Einlaufkonstruktion:				
	1. Betonmassen:				
	a) Vorboden . .	m^3	336,6	139,0	170,4
	b) Pfeiler	„	713,7	166,0	177,0
	c) Rechenbühne .	„	86,0	200,8	237,2
	Insgesamt:	m^3	1136,3	505,8	584,6
	2. Kosten:				
	α) Betonkosten .	RM./m^3	35,0	33,5	28,4
	β) Materialkosten (Zement u. Zuschläge)	„	19,0	21,5	16,8
II.	Einlaufspirale:				
	1. Betonmassen:				
	a) Spiralwände. .	m^3	564,0	517,0	79,0
	b) Spiraldecke . .	„	552,0	988,0	1328,0
	Insgesamt:	m^3	1116,0	1505,0	1407,0
	2. Kosten:				
	α) Betonkosten .	RM./m^3	56,0	51,0	47,8
	β) Materialkosten (Zement u. Zuschläge)	„	24,6	26,2	22,0
III.	Saugschlauch:				
	1. Betonmassen:				
	a) Sohle.	m^3	630,0	1100,0	316,0
	b) Wände	„	581,0	625,0	662,0
	c) Decke	„	720,0	469,0	432,0
	d) Zungen und Trennwände. .	„	57,0	78,0	46,0
	e) Pfeiler	„	800,0	700,0	492,0
	f) Nachboden . .	„	479,0	105,0	250,0
	Insgesamt:	m^3	3267,0	3077,0	2198,0
	2. Kosten:				
	a) α) Betonkosten .	RM./m^3	38,0	31,5	30,0
	β) Materialkosten.	„	21,2	21,3	19,0
	b u. c) α) Betonkosten	„	45,4	44,8	38,0

Lfd. Nr.	Position		Hengstey		Herdecke	Wetter	
	β) Materialkosten	RM./m³	21,2		21,7	19,5	
	d) α) Betonkosten .	,,	170,0		176,0	128,0	
	β) Materialkosten	,,	21,5		26,0	21,5	
	e) α) Betonkosten .	,,	35,8		33,4	27,7	
	β) Materialkosten	,,	18,0		21,0	16,1	
	f) α) Betonkosten. .	,,	37,5		33,4	34,7	
	β) Materialkosten	,,	20,0		20,5	18,9	
	Insgesamt: α)	,,	43,4		42,7	37,0	
	β)	,,	21,2		21,7	19,0	
IV.	Gesamtbetonkost. des Krafthausunterbaues:	RM.	306 014,4		302 063,5	205 141,3	
	α) Kosten je m³ umbauten Raumes .	RM./m³	38,4		32,4	31,5	
	β) Kosten je lfd. m Baulänge	RM./m	10 200,0		8 310,0	6 180,0	
	γ) Kosten je m³ Schluckfähigkeit .	RM./m³	3 300,0		2 880,0	1 950,0	
	δ) Kosten je ausgebaute Kilowatt .	RM./KW	102,0		111,0	38,0	
B.	**Wehr**						
I.	Wehrschwelle:	m³	5 530,0			4 830,0	
	α) Betonkosten . . .	RM./m³	33,8			30,0	
	β) Materialkosten .	,,	21,2			17,5	
II.	Wehrpfeiler:	m³	6 765,0			4 700,0	
	α) Betonkosten . . .	RM./m³	34,0			32,0	
	β) Materialkosten .	,,	21,2			18,0	
III.	Wehrverschlüsse: (Walzen)		Normal	Versenkbar 1,8 m		2 mittl. Walzen mit verstellbarem Schild	2 äußere u. Normalwalzen
	a) Walzenlänge . .	m	30,0	30,0		30,4	30,4
	b) Verschlußhöhe . .	m	6,0	6,0		4,5	3,2
	c) Verschlußfläche je Walze.	m²	180,0	180,0		136,8	97,28
	α) Kosten je lfd. m Walze . . .	RM./m	4228,0	4570,0		3437,5	1952,3
	β) Kosten je m² Verschlußfläche	RM./m²	710,0	761,0		760,0	610.0

Lfd. Nr.	Position		Hengstey	Herdecke	Wetter
IV.	Gesamtkosten des Wehres ohne Grunderwerb, Bauzinsen und Verwaltungskosten:	RM.	1 570 000,00		1 060 000,00
	α) Kosten je m² Verschlußkörper . . .	RM./m³	2 200,00		2 250,00
	β) Kosten je m² Staufläche	„	1,07		0,77
	γ) Kosten je m³ Stauinhalt	RM./m³	0,60		0,34
	δ) Kosten je Kilowatt Ausbau	RM./KW	522,00		199,00
C.	**Schleuse:**				
	Schleusenkammerinhalt	m³		495,0	921,0
	Gesamtlänge . . .	m		33,0	32,9
	Nutzlänge	„		20,0	20,15
	Nutzbreite	„		5,0	5,0
	Mittl. Gefälle. . .	„		3,1	6,7
	Umbauter Raum .	m³		1 485,0	3 200,0
	α) Kosten je m³ umbauten Raum ohne Erd- und Umfassungsarbeiten. . .	RM./m³		38,2	28,3
	β) Desgl. mit Erd- u. Umfassungsarbeit.	„		56,0	41,5
	γ) Desgl. je m³ Kammerinhalt ohne Erd- und Umfassungsarbeiten . .	„		115,0	98,7
	δ) Desgl. je m³ Kammerinhalt m. Erd- und Umfassungsarbeiten	„		168,0	144,0

Die Preise sind aufgebaut auf einem Stundenlohn eines Tiefbauarbeiters von 0,81 RM. und auf die folgenden Materialpreise frei Baustelle:

Zement	36,50 RM./t	Rheinsand	4,50 RM./t
Rheinkiessand	4,20 „	Ruhrkies, gebrochen u. gewaschen	3,90 „

Raumgewicht des Betons 2,25 t/m³.

Gewichtskoeffizient für den Wasserverlust des Bodens $\alpha = 1,4$.

daß dem Unternehmer eine bestimmte Mindestfestigkeit vorgeschrieben war, die bei dem sandreichen Zuschlagmaterial einen unwirtschaftlichen Zementverbrauch bedingte. Man ersieht hieraus die große wirtschaftliche Bedeutung der geschilderten Maßnahmen zur Verbesserung des Betonmaterials.

Ein schon erwähnter weiterer Vorteil lag in der Verwendung des an Ort und Stelle bei Wetter anfallenden und aufbereiteten Flußkieses. Auf S. 78 wurde nachgewiesen, daß dadurch in Wetter 3,10 RM. je Kubikmeter fertigen Betons gespart werden konnten. Diese Feststellung findet besonders bei dem Vergleich der Materialkosten für den Beton der Wehrpfeiler von Hengstey und Wetter eine erneute Bestätigung (21,20—18,00 = 3,20 RM./m³). Der Kostenvergleich des Betonmaterials der Wehrpfeiler ist deshalb vornehmlich geeignet, weil es sich bei diesem Material um reinen Beton ohne Eiseneinlagen handelt, während im Gegensatz dazu das Betonmaterial der Krafthausbauteile überwiegend aus Eisenbeton besteht. Deshalb zeigt sich hier der Preisunterschied in etwas geringerem Maße.

Nunmehr soll das Ergebnis des Kostenvergleiches der 3 Werke im einzelnen der Reihe nach betrachtet werden:

Einlaufkonstruktion (A, I).

Die bei Hengstey gewählte Konstruktion erforderte bei weitem die größten Betonmassen. Die hier zur Verwendung kommenden Schnellverschlüsse bedingten einen längeren Einlauf als in Herdecke und Wetter.

Demnach konnte in Herdecke und Wetter eine entsprechende Ersparnis erzielt werden, die z. B. für das Laufwerk Wetter 15500 RM. oder 2,90 RM./KW betrug.

Hierzu kommt noch, daß in Hengstey die Betonkosten infolge der schwierigen Schalung höher sind als in Herdecke und Wetter (vgl. I, 2α).

Wie schon in der Einleitung zu diesem Abschnitt allgemein erwähnt, sind die Materialkosten infolge der weitgehenden wirtschaftlichen Maßnahmen für die Bauarbeiten am Kraftwerk Wetter am niedrigsten und in Herdecke am höchsten.

Die Rechenbühne mußte in Herdecke und in Wetter besonders stark ausgebildet werden, weil hierauf der Kran sich abstützt.

So erklären sich die unter 1c für diese beiden Werke anfallenden hohen Betonmassen.

Einlaufspirale (A, II).

Die Einlaufspirale erforderte in Herdecke infolge der notwendigen Breite bei geringer Höhe (s. S. 29) und in Wetter wegen des größeren Gefälles mehr Massen zwischen Spirale und Saugschlauch als in Hengstey (s. Abb. 5—7 und 8).

Hengstey: 1116 m^3 bei rd. 30 m Länge = 37 m^3/lfd. m
Herdecke: 1505 m^3 bei rd. 47 m Länge = 32 m^3/lfd. m.

Da die Länge des Kraftwerkes etwas gegebenes war, zeigt sich auch hier für den lfd. m gerechnet eine Ersparnis an Beton dank der neuen Bauform des Krafthauses (s. S. 29).

Hengstey: 1116 m^3 · 56,—RM. ~ 62000 RM. ~ 20,60 RM./KW
Wetter: 1407 m^3 · 57,80 RM. ~ 67400 RM. ~ 12,50 RM./KW

Im übrigen sind die Betonkosten der Spirale verhältnismäßig hoch, eine Tatsache, die u. U. bei der Entscheidung, ob horizontale oder vertikale Turbinen wirtschaftlicher sind, eine Rolle spielen kann.

Saugschlauch (A, III).

Die Betonmassen der Sohle, der Wände und der Decke betragen in:

Hengstey: 1931 m^3 bei 90 m^3/sec ~ 21,5 m^3 je m^3/sec Schluckfähigkeit,
Herdecke: 2194 m^3 bei 105 m^3/sec ~ 21,0 m^3 je m^3/sec Schluckfähigkeit,
Wetter: 1410 m^3 bei 105 m^3/sec ~ 13,4 m^3 je m^3/sec Schluckfähigkeit.

Hiernach besteht eine gewisse Abhängigkeit der Betonmassen des Saugschlauchs vom Gefälle, von der Ausbauwassermenge und der Turbinenart.

In Wetter, wie auch in Herdecke macht sich ferner die leichtere Bauweise des Krafthauses bemerkbar.

Beachtenswert sind noch die hohen Kosten der Saugschlauchzungen (s. S. 27). Vorteilhaft ist wiederum das größere Gefälle im Laufwerk Wetter. Ungünstig ist dagegen die breite Form der Saugschläuche in Herdecke.

Die geringeren Betonmassen der Zwischenpfeiler in Herdecke und besonders in Wetter sind auf die konstruktiven Maßnahmen der Anordnung von Aussparungen zurückzuführen.

Die großen Betonmassen im Nachboden von Hengstey sind bedingt durch die Lage des Kraftwerkes neben dem Wehr. Hierin zeigt sich der Vorteil eines Obergrabens, wie bei Wetter (s. S. 10).

Gesamtkosten für den Beton des Krafthausunterbaues (A, IV).

Bei dem Vergleich der Kosten fallen zunächst die hohen Betonkosten in Hengstey auf. Dieses findet zunächst eine Erklärung in der angewandten unwirtschaftlicheren Bauweise. Im übrigen sind die höheren Kosten auf ein Hochwasser im Oktober 1927 zurückzuführen, durch das die Saugschlauchschalung teilweise zerstört wurde. Hierin erkennt man das größere Hochwasserrisiko bei Bauten, die im oder unmittelbar am Flußlauf liegen (s. S. 10).

IVδ zeigt den Vorteil der größeren Leistung besonders bei Wetter. Wenn Herdecke hierbei verhältnismäßig günstig abschneidet, dann ist dieses der wirtschaftliche Anteil seiner Konstruktion (s. Abb. 8B).

Wehr (B).

Den Anteil des Materials an der Wirtschaftlichkeit erkennt man besonders bei dem Kostenvergleich für den Beton der Wehre von Hengstey und Wetter. Hier stehen an Materialkosten den 21,20 RM./m^3 bei Hengstey nur noch 17,50 resp. 18,00 RM./m^3 bei Wetter gegenüber.

Diese Zahlen beweisen den Erfolg der bei Wetter angewandten wirtschaftlichen Methoden zur Herstellung von Beton.

Schleuse (C).

Ähnlich liegen die Verhältnisse für die Herstellungskosten der Schleusen. Während der umbaute Raum in Herdecke 38,20 bzw. 56,00 RM./m^3 kostet, sind die entsprechenden Kosten für Wetter nur noch 28,30 bzw. 41,50 RM/m^3.

Wehrverschlüsse (B III u. IV).

Interesse beanspruchen schließlich noch die Kostenvergleiche für die Wehrverschlüsse und Wehrkosten von Hengstey und Wetter. Hier zeigt sich der Vorteil des Obergrabens bei Wetter.

Besonders vergleiche man unter B III β die Einheitskosten je Verschlußfläche der normalen Walzen resp. der Spezialwalzen (Versenkwalzen) untereinander. Bei der Beurteilung dieser Kosten ist zu berücksichtigen, daß die Wehre von Hengstey und Wetter. mit Rücksicht auf die breiten Klärseen so groß gewählt werden mußten, daß sie das gesamte Vorland abriegeln. In einem normalen Stausee wird man dagegen mit der Hälfte der Wehrverschlüsse auskommen.

V. Allgemeine Schlußfolgerungen.

An Hand ausgeführter Beispiele wurde gezeigt, welchen Einfluß die Konstruktion und das Material auf den wirtschaftlichen Ausbau niederer Gefälle hat.

Für die Wirtschaftlichkeit von Wasserkräften spielt in erster Linie die Lage des Kraftwerkes eine Rolle: Günstig sind alle Wasserkräfte, die nicht in der Nähe von Kohlevorkommen liegen. Es wurden daher die in dieser Hinsicht ungünstig gelegenen Kraftwerke der Ruhr bei Hengstey, Herdecke und Wetter als Beispiel gewählt und ihre Ausbauwürdigkeit untersucht.

Vorteilhaft ist meist ein längerer Obergraben wie in Wetter. Hierbei ergibt sich ein geringeres Hochwasserrisiko, ein geringerer Gefällverlust bei höheren Wasserführungen und meist ein billigeres Wehr. Der Obergrabenquerschnitt wird wirtschaftlich am vorteilhaftesten, wenn auf die Schiffahrt keine Rücksicht genommen zu werden braucht.

Die Konstruktion der Maschinen, besonders der Turbinen, beeinflußt in hohem Maße die Wirtschaftlichkeit der Gesamtanlage. Für niedere Gefälle empfiehlt sich die vertikal eingebaute Kaplanturbine mit automatischer Laufschaufelverstellung, dann lassen sich Schnellverschlüsse ersparen und es bedarf lediglich eines Dammbalkenschützes für alle Öffnungen. Im übrigen sind große Einheiten und eine hohe Ausbaugröße vorteilhaft. Getriebeturbinen sind höchstens bei sehr kleinem Gefälle empfehlenswert, dann aber auch nur im Zusammenbau mit Kaplanturbinen.

Im Zusammenhang mit der Konstruktion der Turbine steht die Form des Saugrohres. Seine konstruktive Ausbildung beeinflußt in hohem Maße die Kosten des Krafthausunterbaues.

Die Amerikaner sind hier andere Wege gegangen (Spreizrohre) als wir. Bei kleineren Werken, die auf das Netz eines Großelektrizitätswerkes arbeiten, empfiehlt sich meist ein ferngesteuerter Betrieb.

Neuere Bauweisen, wie z.B. der Kran, der als Portalkran frei über dem Dach sich bewegt, oder überhaupt ins Freie gebaute Maschinen, bringen erhebliche wirtschaftliche Vorteile (vgl. die Kraftwerke in Herdecke und Wetter). Bei sehr niederen Gefällen kann der Hebereinbau in Frage kommen.

Für den Fall des Hochwassers wird man vorteilhaft auf eine Gefällvermehrung bedacht sein, um die alsdann auftretenden Gefällverluste möglichst auszuschalten. Hierfür stehen folgende Mittel zur Verfügung: Anlage eines längeren Obergrabens, wie in Wetter, Schleuse oder Schütze unmittelbar neben dem Krafthaus wie in Herdecke, oder die Anordnung von besonders eingebauten Düsen im Saugschlauch.

Ein besonderer wirtschaftlicher Vorteil liegt in der Zusammenfassung mehrerer untereinander liegender Laufwerke zum Zwecke eines natürlichen Speicherbetriebes. Günstig ist auch die Nebenschaltung eines Pumpenspeicherwerkes wie in Hengstey.

Der hauptsächlichste Baustoff für Wasserkraftanlagen ist der Beton. Bei den Wasserbauten kommt es vor allem auf die Dichtigkeit des Betons an. Durch die Vergröberung der Zuschläge läßt sich die Güte des Betons wirtschaftlich verbessern.

Kiesbeton ist wirtschaftlicher als Schotterbeton; jedoch ist die Verwendung gebrochenen Flußkieses unter Umständen sehr günstig, besonders wenn er in unmittelbarer Nähe der Baustelle gewonnen werden kann.

Will man allein hohe Festigkeiten erzielen, so ist ein stetiger Verlauf der Korngrößen nicht unbedingt erforderlich. Es genügt hier, daß die Siebkurven innerhalb einer bestimmten Siebfläche sich bewegen. Dagegen ist bei dichtem Beton ein regelmäßiger Aufbau der Zuschlagstoffe erwünscht.

Um die jeweils wirtschaftlichste Lösung zu finden, wird man möglichst Kies und Sand in ihrer natürlichen Zusammensetzung benutzen. Die Verbesserung natürlicher Flußkiessande durch Splittzusatz ist möglich, aber nicht immer wirtschaftlich. Wirtschaftlicher ist dagegen die Verwendung von getrennt angeliefertem Sand und Kies.

Die Festigkeit ist im wesentlichen vom Wassergehalt abhängig. Beim Gußbeton ist daß Maß des Wassergehaltes schon an sich hoch. Man wird daher alles vermeiden, was den Wasseranspruch noch weiter erhöhen kann. Auf den Wasseranspruch hat neben der Kornzusammensetzung auch die Kornform einen gewissen Einfluß. Zur Erzielung einer gleichmäßig bleibenden Konsistenz empfiehlt sich die Anwendung der Wassersättigungsmethode.

Gußbeton und plastischer Beton sind in der Verarbeitung wirtschaftlicher als Stampfbeton. Ihre Verwendung bedeutet eine wesentliche Zeitersparnis, was z. B. zur Vermeidung hoher Bauzinsen von Bedeutung ist. Außerdem gibt weicher Beton, richtig aufbereitet, die Gewähr für eine genügende Dichtigkeit.

Richtig angewandt, führen alle diese Maßnahmen sowohl in der Konstruktion als auch beim Material zu erheblichen Ersparnissen, so daß der Ausbau niederer Gefälle auch noch in der Zeit hoher Kapitalkosten wirtschaftlich gestaltet werden kann.

Druck von Julius Beltz in Langensalza.

Die Theorie der Wasserturbinen. Ein kurzes Lehrbuch. Von Prof. **Rudolf Escher †**, Zürich. Dritte, vermehrte und verbesserte Auflage herausgegeben von Obering. **Robert Dubs**, Zürich. Mit 364 Textabbildungen und 1 Tafel. XIV, 356 Seiten. 1924. Gebunden RM 13.50

Wasserkraftmaschinen. Eine Einführung in Wesen, Bau und Berechnung von Wasserkraftmaschinen und Wasserkraftanlagen. Von Dipl.-Ing. **L. Quantz**, Stettin. Siebente, vollständig umgearbeitete Auflage. Mit 212 Abbildungen im Text. VII, 149 Seiten. 1929. RM 5.25

Kreiselmaschinen. Einführung in Eigenart und Berechnung der rotierenden Kraft- und Arbeitsmaschinen. Von Dipl.-Ing. **Hermann Schaefer.** Mit 150 Textabbildungen und vielen Beispielen. V, 132 Seiten. 1930. RM 7.50

Berechnungsgrundlagen und konstruktive Ausbildung von Einlaufspirale und Turbinensaugrohr bei Niederdruckanlagen. Von Dr.-Ing. **Herbert Rohde.** Mit 41 Abbildungen im Text. IV, 112 Seiten. 1931. RM 11.—

Druckrohrleitungen. Berechnungs- und Konstruktionsgrundlagen der Rohrleitungen für Wasserkraft- und Wasserversorgungsanlagen. Von Dr.-Ing. **Felix Bundschu.** Zweite, neubearbeitete Auflage. Mit 15 Abbildungen. IV, 62 Seiten. 1929. RM 6.—

Angewandte Hydraulik. Von Dr.-Ing. **Felix Bundschu.** Mit 55 Abbildungen im Text. IV, 76 Seiten. 1929. RM 6.90

Druckrohrleitungen der Wasserkraftwerke. Entwurf, Berechnung, Bau und Betrieb. Von Ministerialrat Ing. Dr. techn. **Artur Hruschka**, Wien. Mit 152 Abbildungen, 31 Tabellen, und 38 Beispielen im Text. XVI, 283 Seiten. 1929. RM 23.—; gebunden RM 25.—

Druckschwankungen in Druckrohrleitungen. Von Dr. techn. Ing. **R. Löwy**, Oberingenieur, Leobersdorf bei Wien. Mit 45 Abbildungen im Text und 7 Tafeln. V, 162 Seiten. 1928. RM 15.—

Das Wasserschloß bei Hochdruckspeicheranlagen. Unter besonderer Berücksichtigung des Kammerwasserschlosses mit Überfall. Von Dr.-Ing. **Otto Streck.** Mit 36 Textabbildungen und 7 Tafeln. V, 68 Seiten. 1929. RM 9.50

Der Wasserbau. Ein Handbuch für Studium und Praxis. Von Ing. Dr. techn. **Armin Schoklitsch,** ord. Professor des Wasserbaues an der Deutschen Technischen Hochschule in Brünn. In zwei Bänden.

Erster Band: Mit 708 Abbildungen und 74 Tabellen. XI, 484 Seiten. 1930. Gebunden RM 52.—

Zweiter Band: Mit 1349 Abbildungen und 45 Tabellen. VI, 715 Seiten. 1930. Gebunden RM 78.—

Der Grundbau. Von Professor **O. Franzius,** Hannover. Unter Benutzung einer ersten Bearbeitung von Regierungsbaumeister a. D. **O. Richter,** Frankfurt a. M. („Handbibliothek für Bauingenieure", III. Teil, 1. Band.) Mit 389 Textabbildungen. XIII, 360 Seiten. 1927. Gebunden RM 28.50

Von der Bewegung des Wassers und den dabei auftretenden Kräften. Grundlagen zu einer praktischen Hydrodynamik für Bauingenieure. Nach Arbeiten von Staatsrat Dr.-Ing. e. h. **Alexander Koch,** s. Zt. Professor an der Technischen Hochschule Darmstadt, herausgegeben von Dr.-Ing. e. h. **Max Carstanjen.** Nebst einer Auswahl von Versuchen Kochs im Wasserbau-Laboratorium der Darmstädter Technischen Hochschule zusammengestellt unter Mitwirkung von Studienrat Dipl.-Ing. L. Hainz. Mit 331 Abbildungen im Text und auf 2 Tafeln sowie einem Bildnis. XII, 228 Seiten. 1926. Gebunden RM 28.50

Die nordischen Wasserkräfte. Ausbau und wirtschaftliche Ausnutzung. Von Professor Dr.-Ing., Dr. techn. h. c. **Adolf Ludin,** Berlin. Unter Mitarbeit von Dr.-Ing. **Paul Nemenyi,** Diplom-Ingenieur. Mit 1005, zum Teil farbigen Abbildungen im Text und auf 2 Tafeln. VIII, 778 Seiten. 1930. Gebunden RM 160.—

Energiewirtschaft. Eine Studie über kalorische und hydraulische Energieerzeugung. Von Privatdozent Dr.-Ing. **Michael Seidner,** Budapest. Mit 55 Textabbildungen. VI, 133 Seiten. 1930. RM 9.—

Die Wasserkräfte, ihr Ausbau und ihre wirtschaftliche Ausnutzung. Ein technisch-wirtschaftliches Lehr- und Handbuch. Von Professor Dr.-Ing., Dr. techn. h. c. **Adolf Ludin,** Berlin. Zwei Bände. Mit 1087 Abbildungen im Text und auf 11 Tafeln. Preisgekrönt von der Akademie des Bauwesens in Berlin.

Band I: XVI, 763 Seiten. Band II: IV, 640 Seiten. 1913. Unveränderter Neudruck 1923. Gebunden RM 66.—

Das Bayernwerk und seine Kraftquellen. Von Dipl.-Ing. **A. Menge,** München. Mit 118 Abbildungen im Text und 3 Tafeln. VIII, 104 Seiten. 1925. RM 6.—